卓越系列·21世纪高职高专精品规划教材

数控加工编程与操作

Computer Numerical Control Program and Operations

主 编　王双林　牟志华　张华忠

副主编　冯 桢　张 红　吴 健

主 审　张永花

U0218204

天津大学出版社

TIANJIN UNIVERSITY PRESS

内 容 提 要

《数控加工编程与操作》是根据教育部关于数控技能型紧缺人才的培养指导思想，即基于工作过程、突出技能的培养的精神而编写的。本书以西门子802D系统为主，全面、系统地介绍了数控车床、数控铣床的操作与编程知识，共设立了七个项目：数控机床概述、数控车床操作、数控车床编程与加工、数控铣床操作、数控铣床编程与加工、数控车工职业技能鉴定强化训练、数控铣工职业技能鉴定强化训练。

本书学习任务力求简明实用，对数控技术基础理论本着必需、够用的原则，每一学习任务都附有相应的技能训练。

本书可作为高等职业学校、高等专科学校、成人院校及本科院校开办的二级职业技术学校和民办高校的数控技术专业、机械制造专业、机电一体化专业等专业的教材，也可作为本科院校相关专业教材及数控技术的培训教材。

图书在版编目(CIP)数据

数控加工编程与操作/王双林，牟志华，张华忠主编．
—天津：天津大学出版社，2009.8(2023.3重印)
ISBN 978-7-5618-3135-9

Ⅰ．数…　Ⅱ．①王…②牟…③张…　Ⅲ．数控机床-程序设计　Ⅳ．TG659

中国版本图书馆CIP数据核字(2009)第149847号

出版发行	天津大学出版社
地　　址	天津市卫津路92号天津大学内(邮编:300072)
电　　话	发行部:022-27403647
网　　址	www.tjupress.com.cn
印　　刷	北京盛通商印快线网络科技有限公司
经　　销	全国各地新华书店
开　　本	169mm×239mm
印　　张	14.75
字　　数	315千
版　　次	2009年8月第1版
印　　次	2023年3月第6次
定　　价	38.00元

序

随着社会的发展,制造业发挥着越来越重要的作用,其中,数控技术是制造业实现自动化、柔性化、集成化生产的基础。我国已逐渐成为全球制造中心,为提高机械制造业的竞争力,促进产业结构优化升级,需要应用先进的高新数控技术。但是,我国目前数控高技能人才短缺,严重制约着加工制造业的发展。

高等职业教育为解决短缺技能型人才的培养问题提供了良机,高等职业教育在理念和教学方面很适合培养高技能人才。但目前高职课程仍然存在讲授理论知识过多,传授技能知识不足的问题。而技能型人才的培养更需要理论知识与实际生产相结合,特别是教学需要校企合作、工学结合的课程。如何将专业建设、课程建设与技能培养融合在一起,如何找到工学结合和综合实践能力培养的结合点,已成为课程建设的重要切入点。

本书主要以西门子系统为对象,以典型工作任务为载体,将理论知识很好地融合到技能培训中去,具有鲜明的技能培养特色。本书内容的编写基于工作过程,注重实践能力,能够很好地保证教学质量。相信本书能为培养高技能人才及加工制造业的快速发展作出积极贡献。

北京航空航天大学

宋放之

2009 年 8 月

前　　言

本书是根据教育部等六部委下发的有关数控技能紧缺人才的培养培训方案的指导思想及高职高专的教育教学要求,结合编者多年的教学经验,在查阅有关资料的基础上编写的。

本书从职业教育的实际情况出发,针对数控技术技能型人才的培养要求,采用模块化和基于工作过程的训练方式,利用大量图表准确、简洁地描述数控机床操作、编程及加工的技能训练步骤及方法。学习内容突出循序渐进的特点,读者通过学习与技能训练相结合,可真正实现理论与实践的统一。

本书共分为七个学习项目,每个学习项目分若干个学习任务。

项目一　数控机床概述,着重讲述数控机床的组成和数控机床的坐标系统。

项目二　数控车床的基本操作,着重讲述数控车床基本操作的技能训练。

项目三　数控车削零件的编程与加工,着重讲述数控车床基本指令的编程与循环指令的编程,并与实际加工相结合,突出技能训练。

项目四　数控铣床的基本操作,着重讲述数控铣床基本操作的技能训练。

项目五　数控铣削的编程与加工,着重讲述数控铣床基本指令的编程与循环指令的编程,并与实际加工相结合,突出技能训练。

项目六　数控车工职业技能鉴定强化实训,训练的安排按照由易到难、循序渐进的原则进行,与职业资格鉴定相结合,最终达到能加工出合格零件的要求。

项目七　数控铣工职业技能鉴定强化实训。

本书在编写过程中,得到了来自企业的高级工程师的帮助,听取了他们的建议,在此致谢。

由于本书作者水平有限,加之时间仓促,书中难免有疏漏之处,敬请读者批评指正。

编者
2009 年 8 月

目　　录

项目一 数控机床概述

任务一 数控机床的组成

一、任务要求

掌握数控机床的基本结构和各部分功能。

二、任务指导

数控机床是一种装有程序控制系统的机床。程序控制系统逻辑处理具有特定代码或其他符号编码指令规定的程序,机床执行部件执行程序发出的动作指令,从而完成零件的加工。

一般说来,数控机床由输入/输出装置、数控装置(CNC)、伺服单元、驱动装置(或称执行机构)、可编程控制器(PLC)、电气控制装置、辅助装置、机床本体及测量装置组成。图 1.1.1 是数控机床的组成框图。

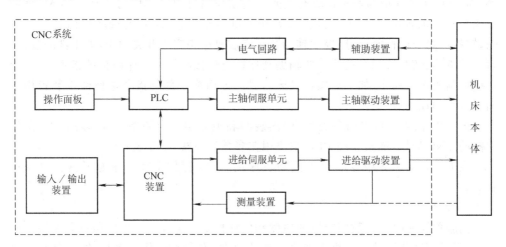

图 1.1.1　数控机床的组成框图

　1. 输入和输出装置

输入和输出装置是机床数控系统和操作人员进行信息交流、实现人机对话的交互设备。

输入装置的作用是将程序载体上的数控代码变成相应的电脉冲信号,传送并存

1

入数控装置内。目前,数控机床的输入装置有键盘、磁盘驱动器、光电阅读机等。输出装置是显示器,有 CRT 显示器或彩色液晶显示器两种。输出装置的作用是:数控系统通过显示器为操作人员提供必要的信息,显示的信息可以是正在编辑的程序、坐标值以及报警信号等。

利用串行端口以及以太网通信方式输入数控加工程序正越来越得到广泛的应用,它是实现数控机床联网以及计算机集成制造所必需的途径。

2. 数控装置(CNC 装置)

数控装置是计算机数控系统的核心,是由硬件和软件两部分组成的。它接受的是输入装置送来的脉冲信号,信号经过数控装置的系统软件或逻辑电路进行编译、运算和逻辑处理后,输出各种信号和指令,控制机床的各个部分,使其进行规定的、有序的动作。这些控制信号中最基本的信号是各坐标轴(即作进给运动的各执行部件)的进给速度、进给方向和位移量指令(送到伺服驱动系统驱动执行部件作进给运动),还有主轴的变速、换向和启停信号,选择和交换刀具的刀具指令信号,控制切削液、润滑油启停信号,控制工件和机床部件松开、夹紧、分度工作和转位的辅助指令信号等。

数控装置主要包括微处理器(CPU)、存储器、局部总线、外围逻辑电路以及与 CNC 系统其他组成部分联系的接口等。

3. 可编程逻辑控制器(PLC)

数控机床通过 CNC 和 PLC 共同完成控制功能,其中 CNC 主要完成与数字运算和管理等有关的功能,如零件程序的编辑、插补运算、译码、刀具运动的位置伺服控制等;而 PLC 主要完成与逻辑运算有关的一些动作,它接收 CNC 的控制代码 M(辅助功能)、S(主轴转速)、T(选刀、换刀)等开关量动作信息,对开关量动作信息进行译码,转换成对应的控制信号,控制辅助装置完成机床相应的开关动作,如工件的装夹、刀具的更换、切削液的开关等一些辅助动作。它还接收机床操作面板的指令,一方面直接控制机床的动作(如手动操作机床),另一方面将一部分指令送往数控装置用于加工过程的控制。

数控机床的 PLC 有两种类型,即内装型和独立型。内装型 PLC 多用于单微处理器的 CNC 装置,而独立型 PLC 主要用在多微处理器 CNC 装置上。

在 FANUC 系统中专门用于控制机床的 PLC,记作 PMC,称为可编程机床控制器。

4. 伺服单元

伺服单元接收来自数控装置的速度和位移指令。这些指令经伺服单元变换和放大后,通过驱动装置转变成机床进给运动的速度、方向和位移。因此,伺服单元是数控装置与机床本体的联系环节,它把来自数控装置的微弱指令信号放大成控制驱动装置的大功率信号。伺服单元分为主轴单元和进给单元等,伺服单元就其系统而言又有开环系统、半闭环系统和闭环系统之分。

5. 驱动装置

驱动装置把经过伺服单元放大的指令信号变为机械运动,通过机械连接部件驱动机床工作台,使工作台精确定位或按规定的轨迹做严格的相对运动,加工出形状、尺寸与精度符合要求的零件。目前常用的驱动装置有直流伺服电动机和交流伺服电动机,且交流伺服电动机正逐渐取代直流伺服电动机。

伺服单元和驱动装置合称为伺服驱动系统,它是机床工作的动力装置,计算机数控装置的指令要靠伺服驱动系统付诸实施,伺服驱动装置包括主轴驱动单元(主要控制主轴的速度)和进给驱动单元(主要用以进给系统的速度控制和位置控制)。伺服驱动系统是数控机床的重要组成部分。从某种意义上说,数控机床的功能主要取决于数控装置,而数控机床的性能主要取决于伺服驱动系统。

6. 机床本体

机床本体即数控机床的机械部件,包括主运动部件、进给运动执行部件,如工作台、拖板及其传动部件和床身立柱等支撑部件,此外还有冷却、润滑、转位和夹紧等辅助装置。对于加工中心类的数控机床,还有存放刀具的刀库、交换刀具的机械手等部件。

与普通机床相比,数控机床的传动装置更简单,但对精度、刚度、抗振性等方面要求更高,而且其传动和变速系统要便于实现自动化控制。

三、技能训练

熟识所操作机床的组成和功用。

任务二 数控机床的技术指标

一、任务要求

熟悉数控机床的技术指标,包括规格指标、精度指标、性能指标和可靠性指标等;掌握相应的检测方法。

二、任务指导

1. 规格指标

数控机床的规格指标是指数控机床的基本能力指标,主要有以下方面。

(1)行程范围:是指坐标轴可控的运动区间,它反映该机床允许的加工空间,通常情况下,工件的轮廓尺寸应在加工空间的范围之内;个别情况下,工件轮廓也可大于机床的加工范围,但其加工范围必须在加工空间范围之内。

(2)工作台面尺寸:反映该机床安装工件大小的最大范围,通常应选择比最大加工工件稍大一点的面积,这是因为要预留夹具所需的空间。

(3)承载能力:反映该机床能加工零件的最大重量。

(4)主轴功率和进给轴扭矩:反映该机床的加工能力,同时也可间接反映机床刚度和强度。

(5)控制轴数和联动轴数:数控机床控制轴数通常是指机床数控装置能够控制的

进给轴数目,现在,有的数控机床生产厂家也认为控制轴数包括所有的运动轴,即进给轴、主轴、刀库轴等,数控机床控制轴数和数控装置的运算处理能力、运算速度及内存容量等有关;联动轴数是指数控机床控制多个进给轴,使它们按零件轮廓规定的规律运动的进给轴数目,它反映数控机床实现曲面加工的能力。

2. 精度指标

数控机床的精度指标主要包括几何精度和位置精度两类。

1)几何精度

它是机床在不切削情况下的静态精度,能综合反映出机床的关键零部件和总装后的几何形状误差。其指标可分为两类:第一类是对机床的基础件和运动大件(如床身、立柱、工作台、主轴箱等)的直线度、平面度、垂直度的要求,如工作台的平面度、各坐标轴运动方向的直线度和相互垂直度、相关坐标轴与工作台面和 T 形槽侧面的平行度等;第二类是对机床执行切削运动的主要部件即主轴的运动要求,如主轴的轴向窜动、主轴孔的径向跳动、主轴箱移动导轨与主轴轴线的平行度、主轴轴线与工作台面的垂直度(立式)或平行度(卧式)等。精度指标常用千分表、平尺、检验棒、精密水平仪、直角尺等工具进行检查。

2)位置精度

它是综合反映机床各运动部件在数控系统的控制下空载所能达到的精度。根据各轴能达到的位置精度就能判断出加工时零件所能达到的精度。这类指标主要有以下几个。

(1)定位精度。它是指数控机床各移动轴在确定的终点所能达到的实际位置精度,其误差称为定位误差,即移动部件实际位置与理想位置之间的误差。定位误差包括伺服系统、检测系统、进给系统等的误差,它们将直接影响零件加工的精度,常用测微仪、成组块规、标准长度刻线尺、光学读数显微镜和双频激光干涉仪等工具检测。

(2)分度精度。它是指机床运动部件做回转运动时的定位精度。分度精度既影响零件加工部位在空间的角度位置,也影响孔系加工的同轴度等,通常用标准转台、平行光管、精密圆光栅等工具进行检测。

(3)重复定位精度。它是指在数控机床上,反复运行同一程序代码,所得到的位置精度的一致程度。重复定位精度受伺服系统特性、进给传动环节的间隙与刚性以及摩擦特性等因素的影响。一般情况下,重复定位精度是呈正态分布的偶然性误差,它影响一批零件加工的一致性,是一项非常重要的精度指标。

(4)回零精度。它是指数控机床各坐标轴达到规定的零点的精度,其误差称为回零误差。同定位误差一样,回零误差包括整个进给伺服系统的误差,它将直接影响机床坐标系的建立精度。

3. 性能指标

数控机床的规格指标主要有以下方面。

(1)最高主轴转速和最大加速度。最高主轴转速是指主轴所能达到的最高转速,它是影响零件表面加工质量、生产效率以及刀具寿命的主要因素,尤其是有色金属的精加工。最大加速度是反映主轴速度提速能力的性能指标,也是加工效率的重要指标。

(2)最高快移速度和最高进给速度。最高快移速度是指进给轴在非加工状态下的最高移动速度。最高进给速度是指进给轴在加工状态下的最高移动速度。这两项指标是影响零件加工质量、生产效率以及刀具寿命的主要因素,受数控装置的运算速度、机床动特性及工艺系统刚度等因素的限制。

(3)分辨率与脉冲当量。分辨率是指两个相邻的分散细节之间可以分辨的最小间隔。对测量系统而言分辨率是可以测量的最小增量;对控制系统而言,分辨率是可以控制的最小位移增量,即数控装置每发出一个脉冲信号,反映到机床移动部件上的移动量,通常称为脉冲当量。脉冲当量是设计数控机床的原始数据之一,其数值的大小决定数控机床的加工精度和表面质量。脉冲当量越小,数控机床的加工精度和表面加工质量越高。

另外,还有换刀速度和工作台交换速度,它们同样也是影响生产效率以及刀具寿命的主要因素。

4. 可靠性指标

数控机床的可靠性指标主要有以下几个。

(1)平均无故障工作时间 MTBF(Mean time between failures):指的是一台数控机床在使用中平均两次故障的间隔时间,也就是数控机床在寿命范围内总工作时间和总故障次数之比,即

$$MTBF = \frac{总工作时间}{总故障次数}$$

显然,这段时间越长越好。

(2)平均修复时间 MTTR(Mean time to restore):指的是一台数控机床从出现故障直到能正常工作所用的平均修复时间,即

$$MTTR = \frac{总故障停机时间}{总故障次数}$$

(3)平均有效度 A:是指可维修设备在某一段时间内维持其性能的概率,这是小于 1 的正数,数控机床故障的平均修复时间越短,则 A 就越接近 1,那么数控机床的使用性能就越好。

三、技能训练

(1)熟悉并验证所操作机床的规格指标和性能指标。

(2)根据实际能提供的检测手段,验证机床出厂检验合格证上所规定的精度指标。

任务三　数控机床的坐标系

一、任务要求

理解数控机床坐标系及运动方向的确定原则和方法,掌握机床坐标系、工件坐标

系的概念,具备实际动手设置工件坐标系的能力。

二、任务指导

在数控编程时,为了描述机床的运动,简化程序编制的方法及保证记录数据的互换性,国际标准化组织 ISO 和我国原机械工业部都颁布了相应的数控标准,对数控机床的坐标轴及运动方向作了明文规定。

1.3.1 标准坐标系及其运动方向

1. 命名原则

数控机床的进给运动是相对的,有的是刀具相对于工件运动(如车床),有的是工件相对于刀具运动(如铣床)。为了使编程人员能在不知道是刀具移向工件,还是工件移向刀具的情况下,可以根据图样确定机床的加工过程,特规定:永远假定刀具相对于静止的工件移动,并且将刀具与工件距离增大的方向作为坐标轴的正方向。

2. 标准坐标系

在数控机床上,机床的动作是由数控装置控制的,为了确定数控机床上的成形运动和辅助运动,必须先确定机床上运动的位移和运动的方向,这就需要通过坐标系来实现,这个坐标系被称为机床坐标系。

标准机床坐标系中 X、Y、Z 坐标轴的相互关系用右手笛卡儿直角坐标系决定,如图 1.3.1 所示。

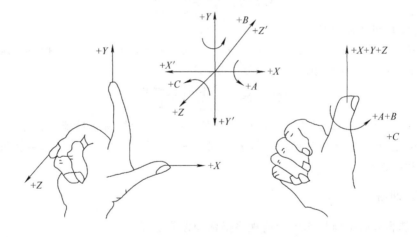

图 1.3.1 右手笛卡儿直角坐标系

(1)伸出右手的大拇指、食指和中指,并互为 90°。则大拇指代表 X 坐标,食指代表 Y 坐标,中指代表 Z 坐标。

(2)大拇指的指向为 X 坐标的正方向,食指的指向为 Y 坐标的正方向,中指的指向为 Z 坐标的正方向。

(3)围绕 X、Y、Z 坐标旋转的旋转坐标分别用 A、B、C 表示,根据右手螺旋定则,

大拇指的指向为 X、Y、Z 坐标中任意轴的正向,则其余四指的旋转方向即为旋转坐标 A、B、C 的正向。

3. 坐标轴方向的规定

1)Z 坐标

Z 坐标的运动方向是由传递切削动力的主轴所决定的,即平行于主轴轴线的坐标轴即为 Z 坐标,Z 坐标的正向为刀具离开工件的方向。

如果机床上有几个主轴,则选一个垂直于工件装夹平面的主轴方向为 Z 坐标方向;如果主轴能够摆动,则选垂直于工件装夹平面的方向为 Z 坐标方向;如果机床无主轴,则选垂直于工件装夹平面的方向为 Z 坐标方向。

2)X 坐标

X 坐标平行于工件的装夹平面,一般在水平面内。确定 X 轴的方向时,要考虑以下两种情况。

(1)如果工件做旋转运动,则刀具离开工件的方向为 X 坐标的正方向。

(2)如果刀具做旋转运动,则分为两种情况:Z 坐标水平时,观察者沿刀具主轴向工件看时,$+X$ 运动方向指向右方;Z 坐标垂直时,观察者面对刀具主轴向立柱看时,$+X$ 运动方向指向右方。

3)Y 坐标

在确定 X、Z 坐标的正方向后,可以用根据 X 和 Z 坐标的方向,按照右手直角坐标系来确定 Y 坐标的方向。

数控车床的坐标系如图 1.3.2 所示。

例:根据图 1.3.3 所示的数控立式铣床结构图,试确定 X、Y、Z 直角坐标。

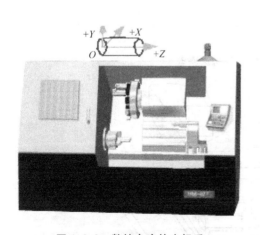
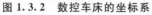

图 1.3.2　数控车床的坐标系

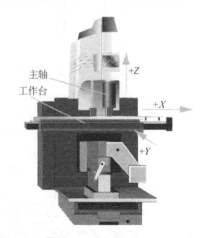

图 1.3.3　数控立式铣床的坐标系

(1)Z 坐标:平行于主轴,刀具离开工件的方向为正。

(2)X 坐标:Z 坐标垂直,且刀具旋转,所以面对刀具主轴,向立柱方向看,向右为正。

(3)Y 坐标:在 Z、X 坐标确定后,用右手直角坐标系确定。

4. 附加坐标系

如果在 X、Y、Z 主要坐标以外,还有平行于它们的坐标,可分别指定为 U、V、W。如还有第三组运动,则分别指定为 P、Q、R。

1.3.2 机床坐标系

机床坐标系是机床固有的坐标系,机床坐标系的原点也称为机床原点或机床零点,在机床经过设计制造和调整后这个原点便被确定下来,是数控机床进行加工运动的基准参考点。

1. 数控车床的原点

在数控车床上,机床原点一般取在卡盘端面与主轴中心线的交点处,见图 1.3.5。同时,通过设置参数的方法,也可将机床原点设定在 X、Z 坐标的正方向的极限位置上。

2. 数控铣床的原点

在数控铣床上,机床原点一般取在 X、Y、Z 坐标的正方向的极限位置上,见图 1.3.6。

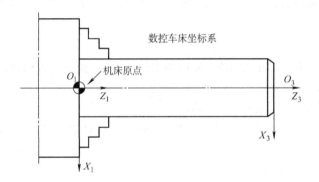

图 1.3.5 数控车床的机床原点

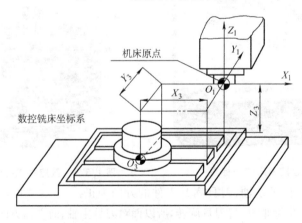

图 1.3.6 数控铣床的机床原点

3. 机床参考点

数控装置上电时并不知道机床原点,为了正确地在机床工作时建立机床坐标系,通常在每个坐标轴的移动范围内设置一个机床参考点(测量起点),机床启动时进行机动或手动回参考点,以建立机床坐标系。

机床参考点的位置是由机床制造厂家在每个进给轴上用限位开关精确调整好的,是一个固定位置点,其坐标值已输入数控系统中。因此参考点对机床原点的坐标是一个已知数。

通常在数控铣床上机床原点和机床参考点是重合的;而在数控车床上机床参考点是离机床原点最远的极限点。

1.3.3　工件坐标系

工件坐标系是编程人员在编程时使用的,编程人员选择工件上的某一已知点为原点称编程原点或工件原点,工件坐标系一旦建立便一直有效,直到被新的工件坐标系取代。工件装夹到机床上时,应使工件坐标系与机床坐标系的坐标轴方向保持一致。

工件坐标系的原点选择要尽量满足编程简单、尺寸换算少、引起的加工误差小等条件,一般情况下以坐标式尺寸标注的零件,编程原点应选在尺寸标注的基准点;对称零件或以同心圆为主的零件,编程原点应选在对称中心线或圆心上;Z 轴的程序原点通常选在工件的上表面,见图 1.3.7 和图 1.3.8。

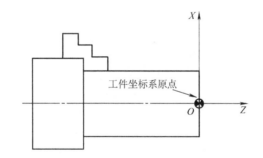

图 1.3.7　数控车床工件坐标系原点

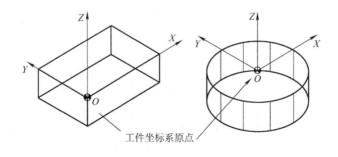

图 1.3.8　数控铣床工件坐标系原点

三、技能训练

(1)数控机床的坐标轴和运动方向是怎样规定的？数控车床的 Z 轴是怎样定义的？

(2)确定所操作数控机床的坐标系。

项目二　数控车床基本操作

任务一　数控车床面板操作

一、任务要求

熟悉数控车床系统面板和控制面板相关按钮的功能和使用方法；了解相关画面下各参数的意义和设置方法。

二、任务目标

掌握数控车床的操作方法。

三、任务指导

1. 数控车床面板

图 2.1.1 为西门子 802D 系统操作系统，通过图 2.1.1 初步认识数控车床的面板以及数控面板的操作方法。

图 2.1.1　西门子 802D 系统操作系统

[图] 加工操作区域键　　　　　　　[图] 程序操作区域键

[图] 参数操作区域键　　　　　　　[图] 程序管理操作区域键

[图] 报警/系统操作区域键

不同的机床生产厂家其机床外部控制面板不同,图 2.1.2 为大连机床厂的机床外部控制面板。

图 2.1.2　大连机床厂的机床外部控制面板

[图] 换刀指令　　　　　　　　　[图] 点动

[图] 回参考点　　　　　　　　　[图] 自动方式

[图] 手动数据输入　　　　　　　[图] 复位

[图] 数控车床循环停止　　　　　[图] 数控车床循环启动

[图] 快速运行叠加　　　　　　　[图] Z 轴点动正负方向移动

[图] [图] X 轴点动正负方向移动

2. 开机和回参考点

机床上电后,首先要:①检查机床状态是否正常;②检查电源电压是否符合要求、接线是否正确;③按下急停按钮;④机床上电;⑤数控上电;⑥检查风扇电机运转是否正常;⑦检查面板上的指示灯是否正常。

接通 CNC 和机床电源后,系统引导进入"加工"操作区 JOG 运行方式,如图2.1.3 所示,并出现"回参考点"窗口。

系统接通电源、复位后首先应进行机床各轴回参考点的操作,方法如下。

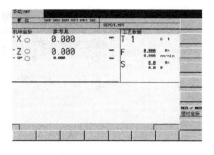

(1)如果系统显示的当前工作方式不是回零方式,按一下控制面板上面的回零按键,确保系统处于回零方式。

(2)根据 X 轴机床参数回参考点方向 ,按一下"+X"(回参考点方向为+) 或"-X"(回

图 2.1.3　JOG 方式回参考点

参考点方向为-)按键,X 轴回到参考点后,"+X"或"-X"按键内的指示灯亮。

(3)用同样的方法使用"+Z"、"-Z"按键,使 Z 轴回参考点。

所有轴回参考点后,即建立了机床坐标系。

开机时需要注意如下事项。

(1)在每次电源接通后,必须先完成各轴的返回参考点操作,然后再进入其他运行方式,以确保各轴坐标的正确性。

(2)同时按下 X、Z 轴向选择按键,可使 X、Z 轴同时返回参考点。

(3)在回参考点前,应确保回零轴位于参考点的回参考点方向相反侧(如 X 轴的回参考点方向为负,则回参考点前应保证 X 轴当前位置在参考点的正向侧),否则用手动移动该轴直到满足此条件。

(4)在回参考点过程中,若出现超程,请按住控制面板上的超程解除按键,向相反方向手动移动该轴使其退出超程状态。

通过选择另一种运行方式(如 MDA、AUTO 或 JOG)可以结束该功能。

3. JOG 运行方式

1)点动选择

手动移动机床坐标轴的操作由手持单元和机床控制面板上的方式选择、轴手动、增量倍率、进给修调、快速修调等按键共同完成。

可以通过机床控制面板上的 🔲 键选择 JOG 运行方式。操作相应的键 ⌷X⌷ 或 ⌷Z⌷ 可以使坐标轴运行。

需要时可以使用修调开关调节速度。可旋转此按钮 ,如果同时按动

相应的坐标轴键和 🔲 键,则坐标轴以快进速度运行。在"JOG"状态图上显示位置、进给值、主轴值和刀具值,如图 2.1.4 所示。

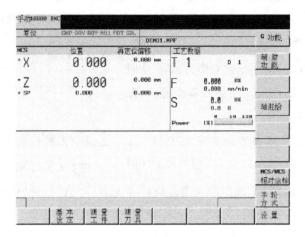

图 2.1.4　JOG 方式

2)手轮选择

在 JOG 运行状态出现"手轮"窗口。打开窗口,在"坐标轴"一栏显示所有的坐标轴名称,它们在软键菜单中也同时显示。视所连接的手轮数值,可以通过光标移动在手轮之间进行转换。手轮窗口如图 2.1.5 所示。

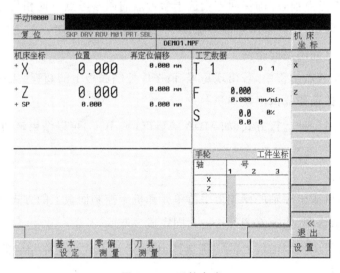

图 2.1.5　手轮方式

4.MDA 运行方式

1)MDA 执行

在 MDA 运行方式下可以编制一个零件程序段加以执行。通过机床控制面板上的手动数据键📖,可以选择 MDA 运行方式,通过操作面板输入程序段,MDA 输入的最小单位是一个有效指令字。按动数控启动键开始进行加工,但应注意在程序执行时不可以再对程序段进行编辑。执行完毕后,输入区的内容仍保留,这样该程序段可以通过按数控启动键再次重新运行。

其基本界面如图 2.1.6 所示。

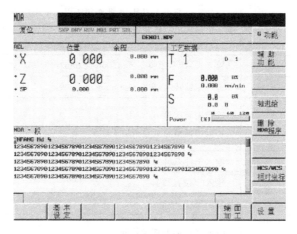

图 2.1.6　MDA 方式

2)车削端面

车削端面是在 MDA 以预切削原料、为后续加工做好准备、无需再为此编程的一个专门的零件程序,是数控系统自带的程序,可方便使用。

当端面切削时在 MDA 方式使用"平面"软键打开输入屏幕,然后定位坐标轴到起始点,接着在屏幕格式中输入数值,如图 2.1.7 所示。

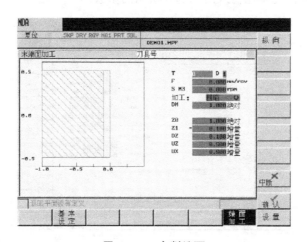

图 2.1.7　车削端面

车削端面中各个参数说明见表 2.1.1。

表 2.1.1　车削端面的参数

参　数	说　明
刀具	输入所用的刀具 在加工之前换入刀具,为此必须调用一个用户循环,执行所有要求的步骤。该循环由机床制造商提供
进给率 F	输入进给率,单位是 mm/min 或 mm/r
主轴转速 S	输入主轴转速,单位是 r/min
加工	确定表面质量 可以选择精加工或粗加工
直径	输入工件原料的直径
$Z0$ 原料尺寸	输入 Z 位置数值
$Z1$ 切削尺寸	切削尺寸,增量
DZ 切削尺寸	输入 Z 方向的切削长度 该尺寸总是以增量定义,并到工件的边沿为准
UZ 每次切削的最大进刀量	Z 方向的进刀量
UX 每次切削的最大进刀量	X 方向的进刀量

　　在图 2.1.7 屏幕格式中完整地填上所示的参数后,可以自动产生一个零件程序,按 NC 启动键开始程序的执行。

　　当纵向切削时,完整地输入图 2.1.8 所示的参数。

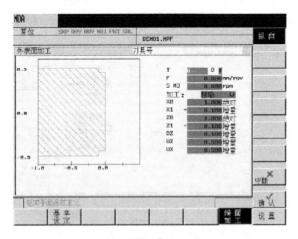

图 2.1.8　纵向车削参数

　　参数说明见表 2.1.2。

表 2.1.2 参数说明

参 数	说 明
刀具	输入所用的刀具 在加工之前换一刀具,为此必须调用一个用户循环,执行所有要求的步骤。该循环由机床制造商提供
进给率 F	输入进给率,单位是 mm/min 或 mm/r
主轴转速 S	输入主轴转速,单位 r/min
加工	确定表面质量 可以选择精加工和粗加工
$X0$ 原料直径	输入工件原料的直径
$X1$ 切削长度	X 方向的切削长度增量
$Z0$ 位置	输入 Z 方向工件边沿的位置
$Z1$ 切削尺寸	Z 方向的切削长度增量
DZ 每次切削的最大进刀量	输入 X 方向的进刀量
UZ	粗加工余量
UX	分刀量

5. 自动加工方式

1）自动操作

操作自动方式键选择自动工作方式 。选择“程序管理” 操作区,屏幕上显示系统中所有的程序。把光标定位到所选的程序上,用“执行”键 选择待加工的程序,被选择的程序名显示在屏幕区“程序名”下,如 图 2.1.9 所示。

在程序运行时可以确定程序的运行状态。

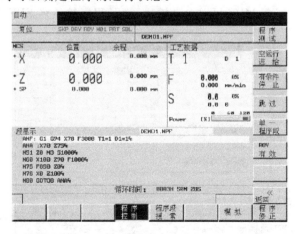

图 2.1.9 自动方式

按动数控启动键 执行零件程序。

自动操作有如下方式。

(1)程序控制。按此键显示所有用于选择程序控制方式的软键(如程序段跳跃、程序测试)。

(2)测试程序。在程序测试方式下,所有到进给轴和主轴的给定值都被禁止输出,此时给定值区域显示当前运行数值。

(3)空运行。进给轴以空运行设定数据中的设定参数运行,执行空运行进给时编程指令无效。

(4)选择性停止。程序在执行到有 M01 指令的程序段时停止运行。

(5)跳过指令。前面有斜线标志的程序段在程序运行时跳过不予执行。

(6)单一程序段。此功能生效时零件程序按如下方式逐段运行:每个程序段逐段解码,在程序段结束时有一暂停,但在没有空运行进给的螺纹程序段时为一例外,在此只有螺纹程序段运行结束后才会产生一暂停。单段功能只有处于程序复位状态时才可以选择。

2)"停止"/"中断"零件程序

用数控停止键停止加工的零件程序,按数控启动键可恢复被中断了的程序运行。

用复位键中断加工的零件程序,按数控启动键重新启动,程序从头开始运行。

6. 零件编程

主要功能零件程序不处于执行状态时,可以进行编辑。在零件程序中进行的任何修改均立即被存储。

选择操作区,显示 NC 中已经存在的程序目录。

按"新程序"键,出现一对话窗口,如图 2.1.10 所示,在此输入新的主程序和子程序名称。主程序扩展名 MPF 可以自动输入,而子程序扩展名 SPF 必须与文件名一起输入。

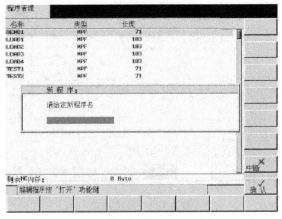

图 2.1.10　新程序输入屏幕格式

输入新文件名。按"确认"键接收输入，生成新程序文件，图 2.1.11 所示，可以对新程序进行编辑。

如果编辑原有程序，选择 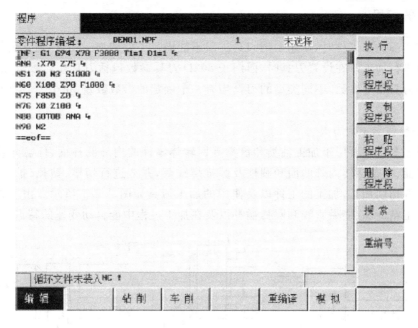，显示所有程序，选择修改程序，按 编辑 即可修改。

图 2.1.11　程序编辑器窗口

四、任务执行

(1)操作数控机床点动操作、手轮运行各轴。

(2)操作数控机床 MDA、编辑自动加工方式。

(3)在编辑状态下，建立新文件夹，放置新程序。

五、技能训练

(1)机床回零的主要作用是什么？

(2)机床的开启、运行、停止有哪些注意事项？

任务二　数控车床刀具参数设置

一、任务要求

设置数控车床刀具参数；会选择加工刀具。

二、任务目标

熟练掌握数控车床刀具参数的输入以及各个参数的意义和数控车床对刀的方法。

三、任务指导

在实际加工工件时,使用一把刀具一般不能满足工件的加工要求,通常要使用多把刀具进行加工。在设置刀具时,西门子 802D 刀具参数包括刀具几何参数、磨损量参数和刀具型号参数,不同类型的刀具均有一个确定的参数数量,每个刀具都有一个刀具号。

1. 数控加工的刀具

数控车床主要用于加工轴类和盘类等回转体零件的内外圆柱面、任意角度的内外圆锥面、复杂回转内外曲面和圆柱及圆锥螺纹等,并能进行切槽、钻孔、扩孔、铰孔及镗孔等切削加工,加工的工件以及使用的加工刀具如图 2.2.1 所示。由于数控机床有加工精度高、能做直线和圆弧插补以及在加工过程中能自动变速的特点,因此数

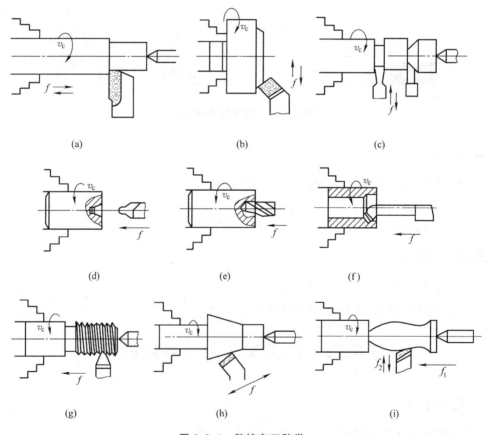

图 2.2.1 数控车刀种类

(a)车外圆;(b)车端面;(c)车槽和切断;(d)钻顶尖孔;(e)钻孔;(f)车内孔;(g)车螺纹;(h)车圆锥;(i)车成形面

控车削加工的工艺范围较普通车床宽得多。

2. 建立新刀具

建立新刀具时按 新刀具 键,在该功能下有两个软键供使用,分别用于选择刀具类型、填入相应的刀具号,如图 2.2.2、图 2.2.3 所示。

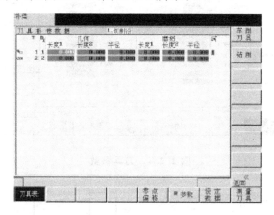

图 2.2.2　新刀具

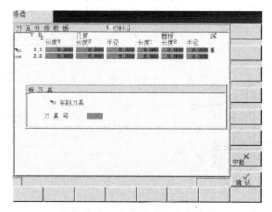

图 2.2.3　刀具号输入

打开 扩展 键,可以输入刀具的所有参数,如图 2.2.4 所示。

3. 输入刀具参数及刀具补偿参数

在加工工件时,由于刀具的长短不一样,因此一般选择一把基准刀,作为基准刀的 1 号刀刀尖点的进给轨迹如图 2.2.5 所示(图中各刀具无刀位偏差)。其他刀具的刀尖点相对于基准刀刀尖的偏移量(即刀位偏差),如图 2.2.5 所示(图中各刀具有刀位偏差)。在程序里使用指令使刀架转动,实现换刀,T 指令则使非基准刀刀尖点从偏离位置移动到基准刀的刀尖点位置(A 点)然后再按编程轨迹进给。

刀具在加工过程中出现的磨损也要进行位置补偿。

按数据补偿参数键 ,打开刀具补偿参数窗口 刀具表 。

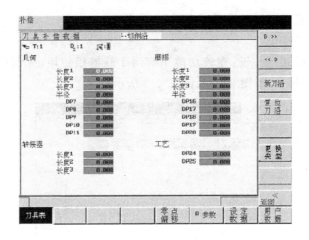

图 2.2.4　刀具参数

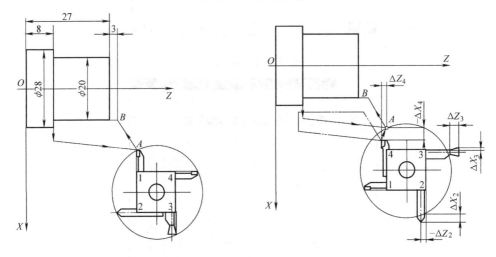

图 2.2.5　基准刀刀具位置补偿

图 2.2.6 显示所使用的刀具清单,可以通过光标键和"上一页"、"下一页"键选出所要求的刀具。通过以下步骤输入补偿参数。

(1)在输入区定位光标。

(2)输入数值。

(3)确认输入新刀具补偿值,换入该刀具。在 JOG 方式下移动该刀具,使刀尖到达一个已知坐标值的机床位置,这是一个已知位置的工件。输入参考点坐标 X0 或者 Z0。

(4)用 [测量刀具] 软键打开手动测量或半自动测量的窗口,如图 2.2.7 所示。

(5)按"手动测量"键,出现"对刀"窗口,如图 2.2.8 所示。

(6)在 X0 或者 Z0 处登记一个刀具当前所在位置的数值,该值可以是当前的机

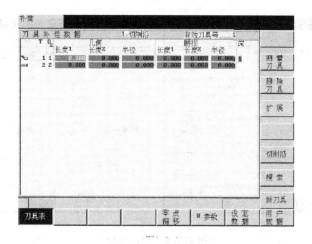

图 2.2.6　刀具补偿参数窗口

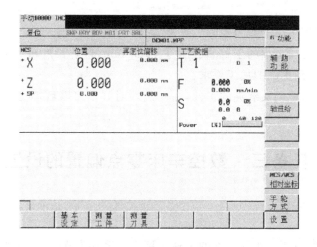

图 2.2.7　选择测量窗口

床坐标值,也可以是一个零点偏置值。如果使用了其他数值,则补偿值以此位置为准。按软键"设置长度 1"或者"设置长度 2",系统根据所选择的坐标轴计算出它们相应的几何长度 1 或 2。所计算出的补偿值被存储。

(7)存储 X 轴的位置。X 轴可以从工件处移开,这样可以确定刀具直径。所存储的轴位置可以用于计算长度补偿。

四、任务执行

(1)在数控车床中,建立不同类型的新刀具。

(2)将新建立的刀具,输入刀具参数和刀具补偿参数。

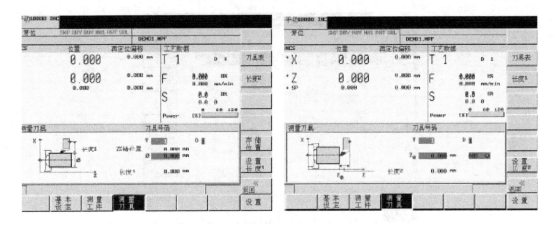

图 2.2.8　对刀窗口

五、技能训练

(1)简述数控车床的对刀步骤。

(2)若 2 号刀加工出的工件直径大了 0.05 mm,台阶长度短了 0.1 mm,应怎样修改刀补值以达到正确的加工要求?

(3)若加工需要调头装夹的工件,在一次性对好车刀以后,应怎样加工调头装夹后的各表面?

任务三　数控车床零点偏置的设置

一、任务要求

要求设置如图 2.3 所示工件的工件坐标系。毛坯为 φ60×120 的铝棒料。

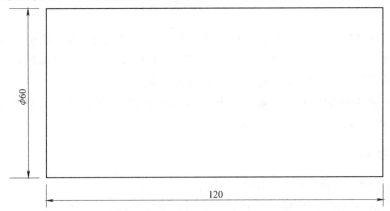

图 2.3　工件

二、任务目标

熟练掌握数控车床工件坐标系的意义以及零点如何偏置。

三、任务指导

1. 数控车床坐标系概述

1)坐标系

大多数的数控车床都有 X 轴和 Z 轴。Z 轴与主轴轴线重合,刀具远离工件的方向为 Z 轴的正方向;X 轴垂直于 Z 轴,并平行于工件的装夹面,刀具远离工件的方向为 X 轴的正方向。

机床中使用顺时针方向的直角坐标系。机床中的运动是指刀具和工件之间的相对运动,如图 2.3.1 所示。

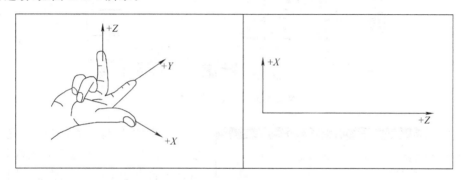

图 2.3.1 机床直角坐标系坐标方向规定

2)机床坐标系(MCS)

机床中坐标系如何建立取决于机床的类型,它可以旋转到不同的位置。坐标系的原点定在机床零点,它也是所有坐标轴的零点位置。该点仅作为参考点,由机床生产厂家确定。

3)工件坐标系(WCS)

工件零点在 Z 轴上可以由编程人员自由选取,在 X 轴上则始终位于旋转轴中心线上。一般工件坐标系设定在装夹工件的右端中心,如图 2.3.2 所示。

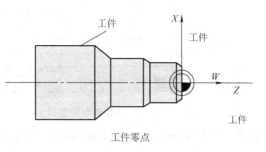

图 2.3.2 工件坐标系

2. 零点偏置设定

在回参考点之后实际值存储器以及实际值的显示均以机床零点为基准,而工件的加工程序则以工件零点为基准,这之间的差值就作为可设定的零点偏移量输入。

通过操作软键"参数操作区域键" ▢ 和"零点偏移" ▢ 可以选择零点偏置。

屏幕上显示出可设定零点偏置的情况,如图 2.3.3 所示,包括已编程的零点偏置值、有效的比例系数、状态显示"镜像有效"以及所有的零点偏置。

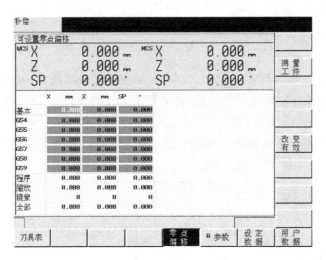

图 2.3.3　零点偏置窗口

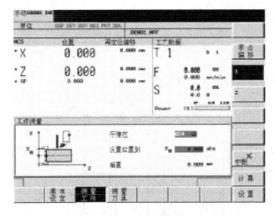

图 2.3.4　X 轴零点偏置窗口

计算零点偏置值:零点偏置一般使用试切法,刀尖运行到工件处,试切工件外圆,完毕后测量外圆的直径;按软键"测量工件",控制系统转换到"加工"操作区,出现对话框用于测量 X 轴零点偏置,如图 2.3.4 所示,所对应的坐标轴以背景为黑色的软键显示。

在对话框"设置位置到"中填入所测外圆的直径值,按"计算"键,然后按"零点偏移"键计算偏移量,在偏移一栏中显示结果。相应地,设置零点偏移坐标系显示相应数值。

刀尖运行到工件处,试切工件端面,按软键"测量工件",出现图 2.3.5 所示界面。控制系统转换到"加工"操作区,出现对话框用于测量 Z 轴零点偏置。

在对话框"设置位置到"中填入 0 值,按"计算"键,后按"零点偏移"键计算偏移量,在偏移一栏中显示结果。相应地,设置零点偏移坐标系显示相应数值。

通过此零点偏置,就将工件坐标系设定在 W 点,如图 2.3.6 所示。

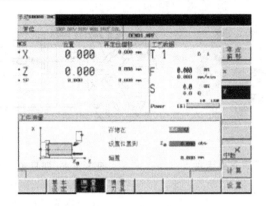

图 2.3.5　Z 轴零点偏置窗口

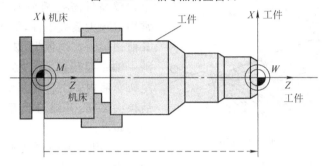

图 2.3.6　工件坐标系

四、任务执行

1. 下料

根据图纸的要求,下料。

2. 将 $\phi 60 \times 120$ 铝棒装夹在机床上

在数控加工中,还应有与数控加工相适应的夹具相配合,数控车床夹具可分为用于轴类工件的夹具和用于盘类工件的夹具两大类。

1)轴类零件装夹

轴类零件常以外圆柱表面作定位基准来装夹。

(1)用三爪自定心卡盘装夹。三爪自定心卡盘能自动定心,工件装夹后一般不需要找正,装夹效率高,但夹紧力较四爪单动卡盘小,只限于装夹圆柱形、正三边形、六边形等形状规则的零件。如果工件伸出卡盘较长,仍需找正。如图 2.3.7 所示。

(2)用四爪单动卡盘装夹。四爪卡盘的外形如图 2.3.8 (a)所示。它的四个爪通过 4 个螺杆独立移动。它的特点是能装夹形状比较复杂的非回转体,如正方形、长方形等,而且夹紧力大。由于其装夹后不能自动定心,所以装夹效率较低,装夹时必须用划线盘或百分表找正,使工件回转中心与车床主轴中心对齐,如图 2.3.8(b)为用百分表找正外圆的示意图。

图 2.3.7　三爪自定心卡盘

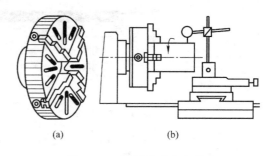

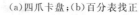

图 2.3.8　四爪单动卡盘装夹

(a)四爪卡盘；(b)百分表找正

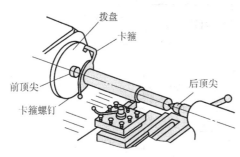

图 2.3.9　两顶尖间装夹

（3）在两顶尖间装夹。对同轴度要求比较高且需要调头加工的轴类工件，常用双顶尖装夹工件，如图 2.3.9 所示。其前顶尖为普通顶尖，装在主轴孔内，并随主轴一起转动，后顶尖为活顶尖装在尾架套筒内。工件利用中心孔被顶在前后顶尖之间，并通过拨盘和卡箍随主轴一起转动。

（4）用一夹一顶装夹。由于两顶尖装夹刚性较差，因此在车削一般轴类零件，尤其是较重的工件时，常采用一夹一顶装夹，如图 2.3.10 所示。为了防止工件的轴向位移，须在卡盘内装一限位支撑，或利用工件的台阶作限位。由于一夹一顶装夹工件的安装刚性好，轴向定位正确，且比较安全，能够承受较大的轴向切削力，因此应用很广泛。

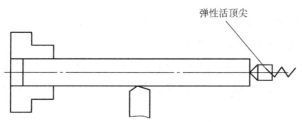

图 2.3.10　一夹一顶装夹

除此以外，根据零件的结构特征，轴类零件还可以采用自动夹紧拨动卡盘、自定心中心架和复合卡盘装夹。

2）盘类零件装夹

用于盘类工件的夹具主要有可调卡爪盘和快速可调卡盘两种。快速可调卡盘的结构刚性好，工作可靠，因而广泛用于装夹法兰等盘类及环形工件，也可用于装夹不太长的柱类工件。在数控车削加工中，常采用以下装夹方法来保证工件的同轴度、垂直度要求。

（1）一次安装加工。它是在一次安装中把工件全部或大部分尺寸加工完成的一种装夹方法。此方法没有定位误差，可获得较高的形位精度，但需经常转换刀架，变换切削用量，尺寸较难控制。

（2）以外圆为定位基准装夹。工件以外圆为基准保证位置精度时，零件的外圆和一个端面必须在一次安装中进行精加工后，方能适合作为定位基准。以外圆为基准时，常用软卡爪装夹工件。

（3）以内孔为定位基准装夹。中小型轴套、带轮、齿轮等零件，常以工件内孔作为定位基准安装在心轴上，以保证工件的同轴度和垂直度。常用的心轴有实体心轴和胀力心轴两种。

3. 完成 X 轴对刀

将刀尖运行到工件处，试切工件外圆，完毕后测量外圆的直径。按软键"测量工件"，在对话框"设置位置到"中填入所测外圆的直径值，完成 X 轴的对刀。

4. 测量 Z 轴零点偏置

刀尖运行到工件处，试切工件端面，按软键"测量工件"。控制系统转换到"加工"操作区，出现对话框用于测量 Z 轴零点偏置。在对话框"设置位置到"中填入 0 值。按"计算"键，相应的 Z 轴设置零点偏移坐标系显示相应数值。

五、技能训练

（1）安装工件，并设置工件的零点偏置。
（2）简述数控工件零点偏置的设置步骤。

项目三 数控车削零件的编程与加工

任务一 简单轴类零件的编程与加工

一、任务要求

毛坯为 φ50×120 的棒料,要求加工如图 3.1.1 所示的外轮廓。

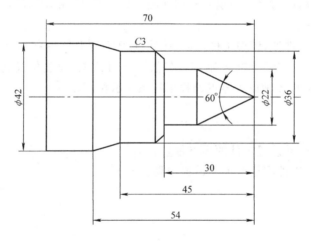

图 3.1.1 工件外轮廓

二、任务目标

掌握 G0 和 G1 指令的意义;熟练掌握直线进给的编程方法及循环指令的应用;了解和掌握轴类零件结构编程的基本结构。

三、任务指导

1. 快速直线移动:G0

轴快速移动 G0 用于快速定位刀具,不对工件进行加工。可以在几个轴上同时执行快速移动,由此产生一线性轨迹。

机床数据中规定每个坐标轴快速移动速度的最大值,一个坐标轴运行时就以此速度快速移动。如果快速移动同时在两个轴上执行,则移动速度为考虑所有参与轴的情况下所能达到的最大速度。

用 G0 快速移动时,在地址 F 下编程的进给率无效,G0 一直有效,直到被 G 功能组中其他的指令(G1,G2,G3)取代为止。

编程的基本格式:G0　X　Z

2. 带进给率的线性插补:G1

刀具以直线从起始点移动到目标位置,以地址 F 下编程的进给速度运行。所有的坐标轴可以同时运行。

G1 一直有效,直到被 G 功能组中其他的指令(G0,G2,G3)取代为止。

编程的基本格式:G1　X　Z

3. 绝对和增量位置数据:G90,G91,AC,IC

G90 和 G91 指令分别对应着绝对位置数据输入和增量位置数据输入。其中 G90 表示坐标系中目标点的坐标尺寸,G91 表示待运行的位移量。G90/ G91 适用于所有坐标轴。在位置数据不同于 G90/G91 的设定时,可以在程序段中通过 AC/ IC 以绝对尺寸/相对尺寸方式进行设定。

(1)绝对位置数据输入 G90。在绝对位置数据输入中尺寸取决于当前坐标系、工件坐标系或机床坐标系的零点位置。零点偏置有可编程零点偏置、可设定零点偏置或者没有零点偏置几种情况。程序启动后 G90 适用于所有坐标轴,并且一直有效,直到在后面的程序段中由 G91(增量位置数据输入)替代为止(模态有效)。

(2)增量位置数据输入 G91。在增量位置数据输入中,尺寸表示待运行的轴位移,移动的方向由符号决定。G91 适用于所有坐标轴,并且可以在后面的程序段中由 G90 替换。

(3)用 =AC(...),=IC(...)定义。赋值时必须有一个等于符号。数值要写在圆括号中。

4. 主轴转速 N 和旋转方向 M

当机床具有受控主轴时,主轴的转速可以编程在地址 S 下,单位为 r/min。用于控制带动工件旋转的主轴转速。实际加工时,还受到机床面板上主轴速度修调倍率开关的影响。

按公式 $N=1\,000\,V_c/\pi D$,可根据某材料查得切削速度 V_c,然后求得 N。

若要求车直径为 60 mm 的外圆时,切削速度控制到 48 mm/min,经换算,得 N =250 r/min,则在程序中指令为 S250。

车削中有时要求用恒线速加工控制,即不管直径大小,其切向速度 V 为定值,这样当进行直径由大到小的端面加工时,转速将越来越大,以至于可能会产生因转速过大而将工件甩出的危险。因此,必须限制其最高转速。当超出此值时,就强制截取在低于此极值的某一速度下工作。有的机床是通过参数来设置此值,而有的机床则利用 G 功能来指定。

主轴的旋向和主轴的运动起始点和终点通过 M 指令规定：

M3　　　主轴正转

M4　　　主轴反转

M5　　　主轴停止

5. 恒定切削速度：G96，G97

(1)G96 为恒定切削速度指令,功能生效以后,主轴转速随着当前加工工件直径(横向坐标轴)的变化而变化,从而始终保证刀具切削点处编程的切削速度 S 为常数(主轴转速×直径＝常数)。

从 G96 程序段开始,地址 S 下的转速值作为切削速度处理。G96 为模态有效,直到被 G 功能组中一个其他 G 指令(G94,G95,G97)替代为止。

G96 S LIMS＝...F... ;恒定切削生效

G97　　　　　　　　　　;取消恒定切削

其中,S 为切削速度,m/min。

LIMS＝　　为主轴转速上限,转速上限 LIMS＝只在 G96 中生效,当工件从大直径加工到小直径时,主轴转速可能提高得非常多,因而建议在此给定一主轴转速极限值 LIMS＝。LIMS 值只对 G96 功能生效。编程极限值 LIMS＝... 后,设定数据中的数值被覆盖,但不允许超出 G96 编程的或机床数据中设定的上限值。

(2)取消恒定切削速度 G97：用 G97 指令取消"恒定切削速度"功能。如果 G97 生效,则地址 S 下的数值又恢复,单位为 r/min。如果没有重新写地址 S,则主轴以原先 G96 功能生效时的转速旋转。

6. 刀具和刀具补偿

在对工件的加工进行编程时,无须考虑刀具长度或切削半径。可以直接根据图纸对工件尺寸编程。

刀具参数单独输入到一专门的数据区,在程序中只要调用所需的刀具号及其补偿参数,控制器利用这些参数即可执行所要求的轨迹补偿,从而加工出所要求的工件。

(1)刀具 T：编程 T 指令可以选择刀具。在此,是用 T 指令直接更换刀具还是仅仅进行刀具的预选,这必须在机床数据中确定。用 T 指令直接更换刀具(比如车床中常用的刀具转塔刀架);仅用 T 指令预选刀具,另外还要用 M6 指令才可进行刀具的更换。

(2)刀具补偿号 D：一个刀具可以匹配从 1 到 9 个不同补偿的数据组(用于多个切削刃)。用 D 及其相应的序号可以编程一个专门的切削刃。如果没有编写 D 指令,则 D1 自动生效。如果编程 D0,则刀具补偿值无效。

在补偿存储器中有如下内容。

几何尺寸:长度,半径。几何尺寸由许多分量组成,其中包括基本尺寸和磨损尺寸。控制器处理这些分量,计算并得到最后尺寸(比如总和长度、总和半径)。在激活补偿存储器时这些最终尺寸有效。由刀具类型指令和 G17、G18 指令确定如何在坐标轴中计算出这些尺寸值。由刀具类型可以确定需要哪些几何参数以及怎样进行计算(钻头或车刀)。在刀具类型为"车刀"时还需给出刀尖位置参数。

图 3.1.2 中给出在此刀具类型下所要求的刀具参数情况。

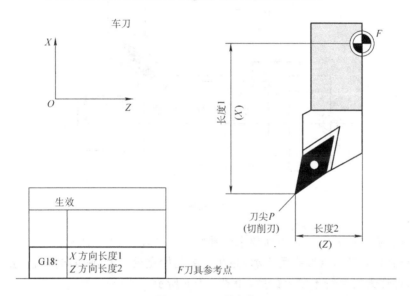

图 3.1.2   刀具参数

7. 刀尖半径补偿:G41,G42

刀尖半径补偿的目的就是为了解决刀尖圆弧可能引起的加工误差,如图 3.1.3 所示。

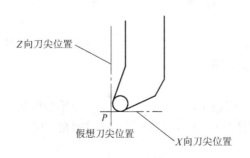

图 3.1.3   刀尖半径补偿

刀具必须有相应的 D 号才能有效。刀尖半径补偿通过 G41/G42 生效。控制器自动计算出当前刀具运行产生的与编程轮廓等距离的刀具轨迹,如图 3.1.4 所示。

刀尖半径补偿指令的程序段格式为:

G41 X...Z...　　　　　;在工件轮廓左边刀补有效

G42 X...Z...　　　　　;在工件轮廓右边刀补有效

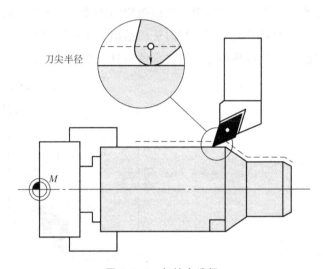

图 3.1.4　起始点选择

具有刀尖半径补偿的车刀所要求的补偿参数,如图 3.1.5 所示。

进行补偿:刀具以直线回轮廓,并在轮廓起始点处与轨迹切向垂直。正确选择起始点,保证刀具运行不发生碰撞,如图 3.1.6 所示。

用 G40 取消刀尖半径补偿,也可用 T××00 取消刀补,此状态也是编程开始时所处的状态。G40 指令之前的程序段,刀具以正常方式结束(结束时补偿矢量垂直于轨迹终点处切线),与起始角无关。在运行 G40 程序段之后,刀尖到达编程终点。在选择 G40 程序段编程终点时,要始终确保运行不会发生碰撞。

刀尖半径补偿举例:加工图 3.1.7 所示工件。

轮廓切削程序:

N2 T1D1　　　　　　　　　　　　　;刀具 1 补偿号 D1

N15 G54 G0 G90 X100 Z15

N20 X0 Z6

N30 G1 G42 G451 X0 Z0　　　　　　;开始补偿运行

N40 G91 X20 CHF＝(5 * 1.223)　　　;倒角,30°

N50 Z−25

N60 X10 Z−30

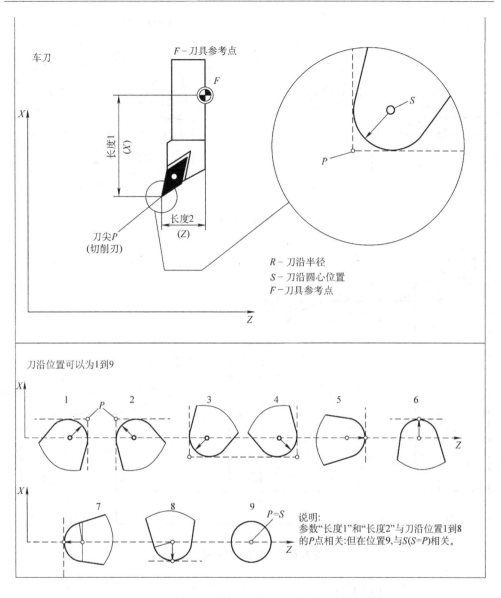

车刀

F－刀具参考点

长度1
(*X*)

长度2
(*Z*)

刀尖*P*
(切削刃)

R－刀沿半径
S－刀沿圆心位置
F－刀具参考点

刀沿位置可以为1到9

1　2　3　4　5　6

7　8　9　　*P*=*S*

说明:
参数"长度1"和"长度2"与刀沿位置1到8
的*P*点相关;但在位置9,与*S*(*S*=*P*)相关。

图 3.1.5　具有刀尖半径补偿的车刀所要求的补偿参数

N70 Z－8

N80 G3 X20 Z－20 CR=20

N90 G1 Z－20

N95 X5

N100 Z－25

N110 G40 G0 G90 X100　　　　　　　　　;结束补偿运行

N120 M2

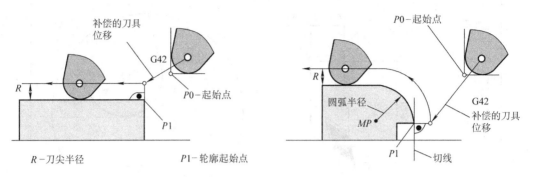

图 3.1.6　刀尖补偿起始点

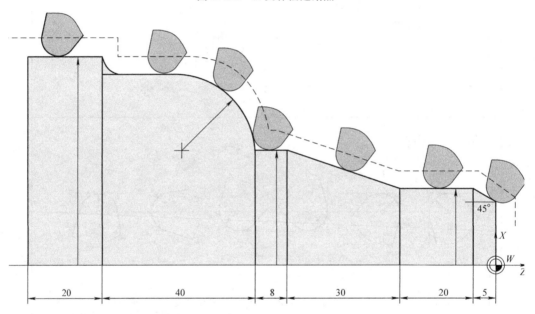

图 3.1.7　刀尖半径补偿举例

8. 车削循环 CYCLE95 指令

使用粗车削循环 CYCLE95,可以通过近轴的毛坯切削在空白处进行轮廓切削,该轮廓已编程在子程序中。轮廓可以包括凹凸切削成分,使用纵向和表面加工可以进行外部和内部轮廓的加工,工艺可以随意选择(粗加工、精加工、综合加工)。粗加工轮廓时,已编程了从最大编程的进给深度处进行近轴切削,一直进行粗加工直到编程的精加工余量。

相关指令如下:

CYCLE95(NPP,MID,FALZ,FALX,FAL,FF1,FF2,FF3,VARI,DT,DAM,_VRT)

指令中的参数说明如下。

1) NPP(名称)

NPP 参数用来定义轮廓的名称。

NPP＝子程序名称。

输入：

— 子程序已经存在—＞输入名称，继续。

— 子程序还不存在—＞输入名称，然后按软键"new file"。即创建了带输入名称的程序(主程序)，且该程序跳入轮廓编辑器中。

2) MID(进给深度)

参数 MID 用来定义最大允许的进给深度，用于粗加工。

循环将自动计算出当前的用于粗加工的进给深度。对于包含凹凸切削成分的轮廓加工，循环将粗加工分成几个粗加工部分。循环计算出每个粗加工部分的新的进给深度。该进给深度值始终位于所编程的深度值和该值的一半之间。所需的粗加工的步骤数是由待加工的总深度和将总深度平均分配的最大单位来决定的，这可以提供最佳的切削条件。

3) FAL、FALZ 和 FALX(精加工余量)

如果要给特定轴定义不同的精加工余量，可以使用参数 FALZ 和 FALX 来定义粗加工的精加工余量，也可以通过参数 FAL 定义用于轮廓的精加工余量。这样进给轴将采用该值作为精加工余量，不需要对已编程的值进行检查。换句话说，如果这三个参数都已赋值，循环将同时考虑这些精加工余量。但是，有必要考虑对精加工余量的定义采用一种形式还是其他形式。

粗加工始终按这些精加工余量进行。每个轴向加工过程完成以后立即清除平行于轮廓的剩余拐角，这样在粗加工完成后无须进行额外的剩余拐角的切削。如果未编程精加工余量，粗加工到达最后轮廓时毛坯被切削。

4)FF1、FF2 和 FF3(进给率)

各个加工步骤可以定义不同的进给率，如图 3.1.8 所示。

5) VARI(加工类型)

加工类型见表 3.1.1。纵向加工时，始终沿着横向轴进给；端面加工时，沿着纵向轴进给。外部加工时，进给在轴的负方向进行；对于内部加工，进给在轴的正方向进行，如图 3.1.9 所示。

6) DT 和 DAM(停顿时间和路径长度)

DT 和 DAM 参数可以用来在完成一定路径的进给后中断各个粗加工步骤以便断屑。这些参数只用于粗加工。参数 DAM 用于定义进行断屑之前的最大距离。在 DT 中可以编程在每个切削中断点的合适的停顿时间(以秒为单位)。如果未定义切削中断前的距离(DAM＝0)，则粗加工步骤中不产生中断和停顿。

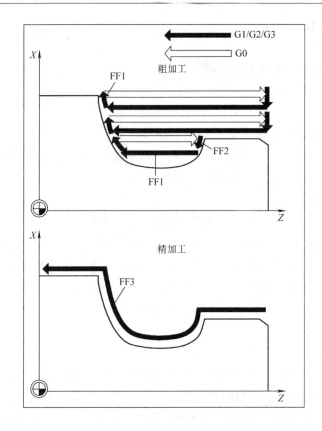

图 3.1.8　进给率参数选择

表 3.1.1　加工类型

值	纵向/表面	外部/内部	粗加工/精加工/完成
1	L	A	粗加工
2	P	A	粗加工
3	L	I	粗加工
4	P	I	粗加工
5	L	A	精加工
6	P	A	精加工
7	L	I	精加工
8	P	I	精加工
9	L	A	加工完成
10	P	A	加工完成
11	L	I	加工完成
12	P	I	加工完成

7)_VRT(退回进给)

参数_VRT可以用来编程在粗加工时刀具在两个轴向的退回量。

如果 _VRT＝0(参数未编程)，刀具将退回 1 mm。

使用循环指令 CYCLE95 时循环开始前所到达的位置：起始位置可以是任意位置，但须保证从该位置回轮廓起始点时不发生刀具碰撞。

循环形成的动作顺序：循环起始点在内部被计算出并使用 G0 在两个坐标轴方向同时回该起始点。

无凹凸切削的粗加工顺序：

内部计算出到当前深度的近轴进给并用 G0 返回；

使用 G1 进给率为 FF1 回到轴向粗加工的交点；

使用 G1/G2/G3 和 FF1 沿轮廓＋精加工余量进行平行于轮廓的倒圆切削；

每个轴使用 G0 退回在 _VRT 下所编程的量。

重复以上顺序直至到达加工的最终深度。

进行无凹凸切削成分的粗加工时，坐标轴依次返回循环的起始点。

粗加工凹凸成分：

坐标轴使用 G0 依次回到起始点以便下一步的凹凸切削，此时，须遵守一个循环内部的安全间隙；

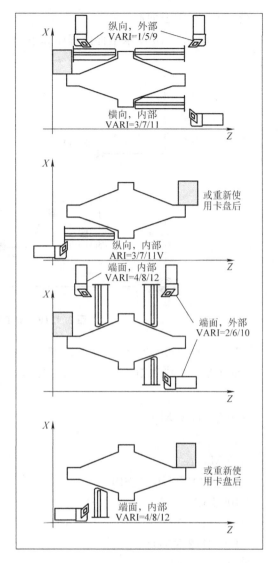

图 3.1.9 加工类型种类

使用 G1/G2/G3 和 FF1 沿轮廓＋精加工余量进给；

使用 G1 和进给率 FF1 回到轴向粗加工的交点；

沿轮廓进行倒圆切削，和第一次加工一样进行后退和返回；

如果还有凹凸切削成分，为每个凹凸切削重复此顺序。

精加工：

坐标轴使用 G0 依次回到循环起始点；

两轴使用 G0 同时回到轮廓的起始点；

使用 G1/G2/G3 和 FF3 沿轮廓进行精加工；

使用 G0 两轴退回起始点。

加工如图 3.1.10 所示工件的程序如下：

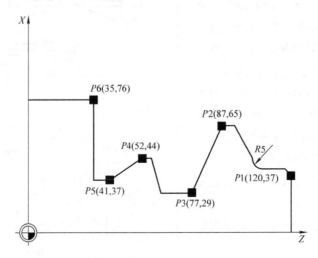

图 3.1.10　加工轮廓

N10 T1 D1 G0 G95 S500 M3 Z125X81 　　　　　　　　;调用前的接近位置

N20 CYCLE95("KONTUR_1",5,1.2,0.6,,0.2,0.1,0.2,9,,,0.5)

　　　　　　　　　　　　　　　　　　;循环调用

N30 G0 G90 X81 　　　　　　　　　　　;重新回到起始位置

N40 Z125 　　　　　　　　　　　　　　;轴进给

N50 M30 　　　　　　　　　　　　　　;程序结束

%_N_KONTUR_1_SPF 　　　　　　　　　;启动轮廓子程序

N100 Z120 X37

N110 Z117 X40 　　　　　　　　　　　;轴进给

N120 Z112 RND＝5 　　　　　　　　　　;半径 5 倒圆

N130 Z95 X65

N140 Z87

N150 Z77 X29

N160 Z62

N170 Z58 X44

N180 Z52

N190 Z41 X37

N200 Z35

N210 X76 　　　　　　　　　　　　　;轴进给

N220 M17 　　　　　　　　　　　　　;子程序结束

加工图 3.1.11 所示工件程序如下：

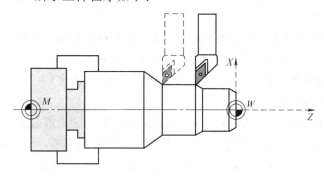

图 3.1.11　加工零件

N05 G54 G0 G90 X40 Z200 S500 M3　　　;刀具快速移动,主轴转速＝500 r/m in,
　　　　　　　　　　　　　　　　　　　　顺时针旋转

N10 G1 Z120 F0.15 ;　　　　　　　　　;以进给率 0.15 mm/r 转线性插补

N15 X45 Z105

N20 Z80

N25 G0 X100　　　　　　　　　　　　　;快速移动空运行

N30 M2 ;　　　　　　　　　　　　　　　;程序结束

四、任务执行

1. 装夹工件

使用三爪卡盘将工件装夹,由于三爪卡盘能够自动定心,所以当工件轴长度不大并且加工精度不高时,可以不进行校正。当装夹较长工件或者加工精度要求较高的工件,需要用顶尖将工件固定,固定完毕后需要用百分表校正工件的外圆和端面。

2. 加工余量的选择

数控车床加工中的切削用量包括背吃刀量 a_p、主轴转速 n 或切削速度 v_c（用于恒线速度切削）、进给速度 u_f 或进给量 f。切削用量的选择是否合理对切削力、刀具磨损、加工质量和加工成本均有显著影响。数控加工中选择切削用量时,就是在保证加工质量和刀具耐用度的前提下,充分发挥机床性能和刀具切削性能,使切削效率最高、加工成本最低。因此切削用量的大小应根据加工方法合理选择,并在编程时将加工的切削用量数值编入程序中。

切削用量的选择原则是:粗加工时,一般以提高生产率为主,兼顾经济性和加工成本;半精加工和精加工时,应在保证加工质量的前提下,兼顾切削效率、经济性和加工成本。具体数值应根据机床说明书、切削用量手册并结合经验而定。粗、精加工时切削用量的选择如下。

(1)粗加工时切削用量的选择:首先选取尽可能大的切削用量数值;其次根据机

床动力和刚性等,选取尽可能大的进给速度(进给量);最后根据刀具耐用度确定主轴转速(切削速度)。

(2)半精加工和精加工时切削用量的选择:首先根据粗加工后的余量确定背吃刀量;其次根据已加工表面的粗糙度要求,选取较小的进给速度(进给量);最后在保证刀具耐用度的前提下,尽可能选取较高的主轴转速(切削速度)。

1)背吃刀量的确定

粗加工时,除留下精加工余量外,一次进给尽可能切除全部余量。在加工余量过大、工艺系统刚性较低、机床功率不足、刀具强度不够等情况下,可分多次进给。切削表面有硬皮的铸锻件时,应尽量使 a_p 大于硬皮层的厚度,以保证刀尖强度。

精加工的加工余量一般较小,可一次切除。

在中等功率机床上,粗加工的背吃刀量可达 8~10 mm;半精加工的背吃刀量取 0.5~5 mm;精加工的背吃刀量取 0.2~1.5 mm。

2)进给速度(进给量)的确定

进给速度是数控机床切削用量中的重要参数,主要根据零件的加工精度和表面粗糙度要求以及刀具、工件的材料性质选取,最大进给速度受机床刚度和进给系统的性能限制。

粗加工时,由于对工件的表面质量没有太高要求,这时主要根据机床进给机构的强度和刚性、刀杆的强度和刚性、刀具材料、刀杆和工件尺寸以及已选定的背吃刀量等因素选取进给速度。

精加工时,则按表面粗糙度要求、刀具及工件材料等因素选取进给速度。

可使用下式实现进给速度与进给量的转化:

$$u_f = fn$$

式中　u_f —— 进给速度;

　　　f —— 每转进给量,一般粗车取 0.3~0.8,精车取 0.1~0.3,切断取 0.05~0.2;

　　　n —— 主轴转速。

3)切削速度的确定

切削速度可根据已经选定的背吃刀量、进给量及刀具寿命进行选取,也可根据生产实践经验和查表的方法来选取。

粗加工或工件材料的加工性能较差时,宜选用较低的切削速度;精加工或刀具材料、工件材料的切削性能较好时,宜选用较高的切削速度。

切削速度 v_c 确定后,可根据刀具或工件直径按下式确定主轴转速:

$$n = \frac{1\,000 v_c}{\pi d}$$

式中　v_c —— 切削速度,mm/min;

　　　n —— 主轴转速,r/min;

d ——工件直径,mm。

实际生产中,切削用量一般根据经验并通过查表的方式选取。常用硬质合金或涂层硬质合金刀具切削不同材料时的切削用量推荐值见表 3.1.2

表 3.1.2　切削用量推荐值

刀具材料	工件材料	粗加工			精加工		
		切削速度(m/min)	进给量(mm/r)	背吃刀量(mm)	切削速度(m/min)	进给量(mm/r)	背吃刀量(mm)
硬质合金或涂层硬质合金刀具	碳钢	220	0.2	3	260	0.1	0.4
	低合金钢	180	0.2	3	220	0.1	0.4
	高合金钢	120	0.2	3	160	0.1	0.4
	铸铁	80	0.2	3	140	0.1	0.4
	不锈钢	80	0.2	2	120	0.1	0.4
	钛合金	40	0.3	1.5	60	0.1	0.4
	灰铸铁	120	0.3	2	150	0.15	0.5
	球墨铸铁	100	0.2	2	120	0.15	0.5
	铝合金	1 600	0.2	1.5	1 600	0.1	0.5

工件材料	加工内容	背吃刀量(mm)	切削速度(m/min)	进给量(mm/r)	刀具材料
碳素钢 $\sigma_b > 600$ MPa	粗加工	5～7	60～80	0.2～0.4	YT 类
	粗加工	2～3	80～120	0.2～0.4	
	精加工	2～6	120～150	0.1～0.2	
	钻中心孔		500～800 r/min		W18Cr4V
	钻 孔		25～30	0.1～0.2	
	切断(宽度<5 mm)		70～110	0.1～0.2	YT 类
铸铁 <200HBW	粗加工		50～70	0.2～0.4	YG 类
	精加工		70～100	0.1～0.2	
	切断(宽度<5 mm)		50～70	0.1～0.2	

3. 刀具的选择

粗加工选择主偏角为 95°的车刀,刀片为硬质合金。精加工选择主偏角为 93°的车刀,刀片为硬质合金。

4. 对刀设置工件坐标系零点

工件坐标系零点设置在工件右端中心。

5. 程序编制

程序如下:

N10 T1 D1 G0 G95 S800 M3 Z10X52　　　　　　　　　　　;主程序开始

N20 CYCLE95("ABC",5,1.2,0.6,,0.2,0.1,0.2,9,,,0.5)

　　　　　　　　　　　　　　　　　　　　　　　　　　;循环调用

N30 G0 G90 X52　　　　　　　　　　　　　　　　　;重新回到起始位置

N40 Z12　　　　　　　　　　　　　　　　　　　　;轴进给

N50 M30　　　　　　　　　　　　　　　　　　　　;主程序结束

ABC　　　　　　　　　　　　　　　　　　　　　;启动轮廓子程序

N110 G01 X0 Z0   ;轮廓加工

N120 X22 Z－22 N130 Z－30

N140 X30 N150 X36 Z－33

N160 Z－45 N170 X42 Z－54

N180 Z－70 M17   ;子程序返回

五、技能训练

(1)编制图 3.1.12 所示零件的加工程序。

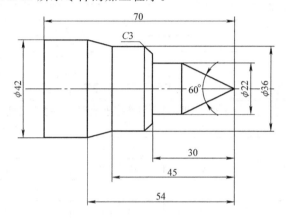

图 3.1.12　加工零件图(一)

(2)编制图 3.1.13 所示内孔加工程序。

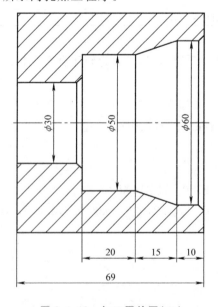

图 3.1.13　加工零件图(二)

任务二 数控车削圆弧类零件的编程与加工

一、任务要求

毛坯为 φ50×60 的棒料,要求加工如图 3.2.1 所示外轮廓。

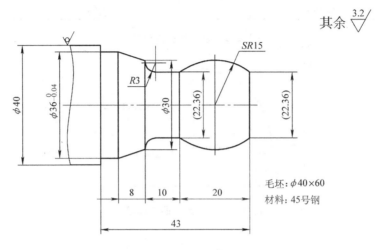

图 3.2.1 加工零件轮廓

二、任务目标

掌握 G2、G3 指令的意义,熟练掌握 G2、G3 编程方法;掌握数控车削曲面轴的加工。

三、任务指导

1. 圆弧方向判定

刀具以圆弧轮廓从起始点运行到终点。其方向由 G 功能确定,圆弧方向的判断由沿与圆弧所在平面相垂直的另一坐标看去,顺时针为 G2,逆时针为 G3,如图 3.2.2 所示。

2. 编制圆弧程序的方法

(1)终点和圆心编程,如图 3.2.3 所示。

(2)终点和半径编程,如图 3.2.4 所示。

(3)圆心角和圆心编程,如图 3.2.5 所示。

(4)终点坐标和圆心角编程,如图 3.2.6 所示。

例如,加工图 3.2.7 所示工件的程序如下:

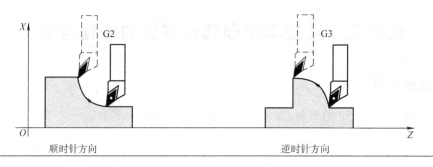

图 3.2.2 圆弧插补方向规定

G2/G3 和圆心坐标(+ 终点)

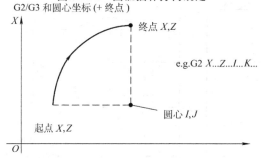

图 3.2.3 终点和圆心编程

G2/G3 和半径坐标(+ 终点)

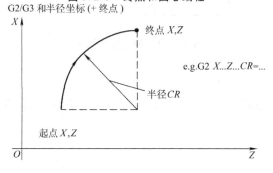

图 3.2.4 终点和半径编程

G2/G3 和张角坐标(+圆心)

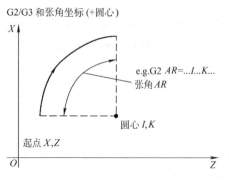

图 3.2.5 圆心角和圆心编程

G2/G3 和张角坐标(+终点)

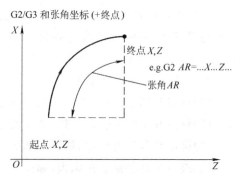

图 3.2.6 终点坐标和圆心角编程

N5 G90 Z30 X40 　　　　　　　　　;用于 N10 的圆弧起始点

N10 G2 Z50 X40 K10 I－7 　　　　　;终点和圆心

3. 倒圆、倒角编程

倒圆和倒角功能:在一个轮廓拐角处可以插入倒角或倒圆。

倒角指令为 CHF＝...,倒圆指令为 RND＝...。

与加工拐角的轴运动指令一起写入到程序段中。

编程方式为　CHF＝...　　　;插入倒角,数值:倒角长度

　　　　　　RND＝...　　　;插入倒圆,数值:倒圆半径

倒角 CHF＝　直线轮廓之间、圆弧轮廓之间以及直线轮廓和圆弧轮廓之间切入一直线并倒棱角。

倒角指令应用如图 3.2.8 所示。程序如下:

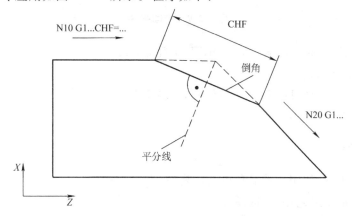

图 3.2.7　两段直线之间倒角

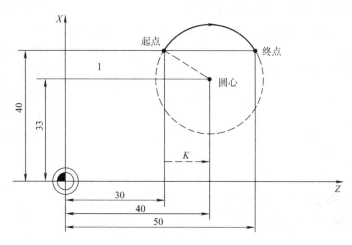

图 3.2.8　圆弧编程举例

N10 G1 Z... CHF＝5　　　;倒角 5 mm

N20 X... Z...

倒圆指令应用如图 3.2.9 所示,程序如下:

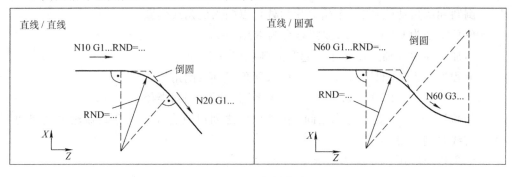

图 3.2.9　倒圆指令

N10 G1 Z... RND＝8　　　;倒圆,半径 8 mm

N20 X... Z...

N50 G1 Z... RND＝7.3　　　;倒圆,半径 7.3 mm

N60 G3 X... Z...

四、任务执行

(1)装夹工件,使用三爪卡盘将工件装夹。

(2)确定加工工艺路线,选择刀具。

(3)对刀设置工件坐标零点,工件坐标系零点设置在工件右端中心。

(4)程序编制如下:

N10 T1 D1 G0 G95 S500 M3 Z2X62　　　　　　　　　　;调用前的接近位置

N20 CYCLE95("yuanhu",5,1.2,0.6,,0.2,0.1,0.2,9,,,0.5)

　　　　　　　　　　　　　　　　　　　　　　;循环调用

N30 G0 G90 X65　　　　　　　　　　　　　　　　;重新回到起始位置

N40 Z5　　　　　　　　　　　　　　　　　　　　;轴进给

N50 M30　　　　　　　　　　　　　　　　　　　;程序结束

yuanhu　　　　　　　　　　　　　　　　　　　　;子程序开始

G01 X22.36

Z0

G03 X22.36 Z－20

G1 X28.36 Z－30 RND＝3

X30

X36 Z－38

Z—43

M17

五、技能训练

（1）已知零件毛坯尺寸为 $\phi50\times150$，编制图 3.2.10 所示工件数控加工程序。

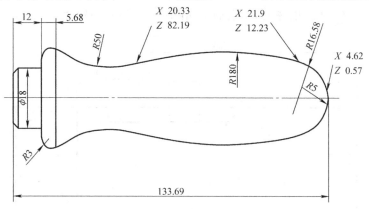

图 3.2.10　加工零件轮廓(一)

（2）加工零件如图 3.2.11 所示，毛坯外径为 $\phi50$ 的 45 钢，编制数控加工程序。

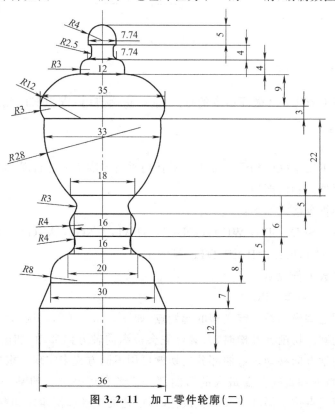

图 3.2.11　加工零件轮廓(二)

任务三 数控车削槽类零件的编程与加工

一、任务要求

毛坯为 $\phi50\times120$ 的棒料,要求加工如图 3.3.1 所示外轮廓。

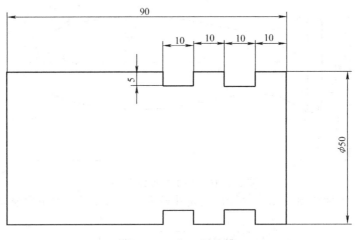

图 3.3.1 加工零件槽

二、任务目标

理解切槽 CYCLE93 循环指令的意义,能够正确使用 CYCLE93 指令。

三、任务指导

切槽循环可用于纵向和表面加工时对任何垂直轮廓单元进行对称和不对称的切槽。可以进行外部和内部切槽。

切槽循环指令格式如下:

CYCLE93(SPD,SPL,WIDG,DIAG,STA1,ANG1,ANG2,RCO1,RCO2,RCI1,RCI2,FAL1,FAL2,IDEP,DTB,VARI)

下面对参数进行说明。

1. 起始点 SPD 和 SPL

可以使用这些坐标系来定义槽的起始点,如图 3.3.2 所示。从起始点开始,在循环中计算出轮廓。切削外部槽时,刀具首先会按纵向轴方向移动;切削内部槽时,刀具首先按横向轴方向移动。弯曲部分的切槽可用不同方式来实现。根据弯曲的形状和半径,可以将近轴直线覆盖最大的弯曲部分或者利用槽边上的某一点得到切线。如果槽边的特定点位于循环定义的直线上时,槽边的半径和倒角才和弯曲轮廓有关。

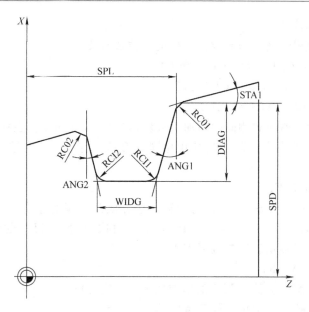

图 3.3.2 循环起始点

2. 槽宽 WIDG 和槽深 DIAG

参数槽宽（WIDG）和槽深（DIAG）用来定义槽的形状。计算时，循环始终认为该点是 SPD 和 SPL 下编程的点。如果槽宽大于有效刀具的宽度，则取消此宽度值。取消时，循环将整个宽度平分。去掉切削沿半径后，最大的进给是刀具宽度的 95%，这会形成切削重叠，如图 3.3.3 所示。如果所编程的槽宽小于实际刀具宽度，将出现错误信息 61602"刀具宽度定义不正确"，同时加工终止。如果在循环中发现切削沿宽度等于零，也会出现报警。

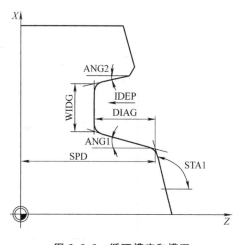

图 3.3.3 循环槽宽和槽深

3. 角 STA1

使用参数 STA1 来编程加工槽时的斜线角。该角可以采用 0 到 180 度并且始终用于纵向轴。

4. 侧面角 ANG1 和 ANG2

不对称的槽可以通过不同定义的角来描述。该角可以采用 0 到 89.999 度。

5. 半径 RCO1、RCO2 和倒角 RCI1、RCI2

槽的形状可以通过输入槽边或槽底的半径/倒角来修改。注意输入的半径是正符号而倒角是负符号。

如何考虑编程的倒角和参数 VARI 的十位数有关。

如果 VARI<0(十位数＝0)，倒角 CHF＝...

如果 VARI>10，倒角带 CHR 编程。

6. 精加工余量 FAL1 和 FAL2

可以单独编程槽底和侧面的精加工余量，如图 3.3.4 所示。在加工过程中，首先进行毛坯切削直至最后余量，然后使用相同的刀具沿着最后轮廓进行平行于轮廓的切削。

7. 进给深度 IDEP

通过编程一个进给深度，可以将近轴切槽分成几个深度进给 CYCLE93(35,60,30,25,5,10,20,0,0,−2,−2,1,1,10,1,5)。每次进给后，刀具退回 1mm 以便断屑。在所有情况下必须编程参数 IDEP。

8. 加工类型 VARI

槽的加工类型由参数 VARI 的单位数定义。它可以采用图 3.3.5 中所示的值。

参数的十位数表示倒角是如何考虑的。

VARI1−8：倒角被考虑成 CHF。

VARI11−18：倒角被考虑成 CHR。

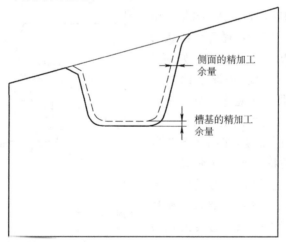

侧面的精加工余量

槽基的精加工余量

图 3.3.4　循环加工余量

编程举例：切槽在纵向轴方向的斜线处进行外部切槽，见图 3.3.6。

起始点在 X35 Z60 的右侧。循环将使用刀具 T5 的刀具补偿 D1 和 D2。切削刀具必须相应地定义。

相关程序如下。

N10 G0 G90 Z65 X50 T5 D1 S400 M3　　　　　　　　;循环启动前的起始点

N20 G95 F0.2　　　　　　　　　　　　　　　;技术值的定义

N30 CYCLE93(35,60,30,25,5,10,20,0,0,−2,−2,1,1,10,1,5)

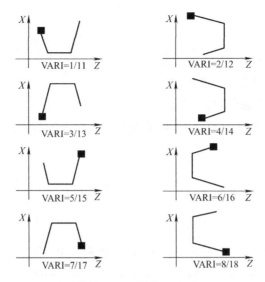

图 3.3.5　循环加工方式

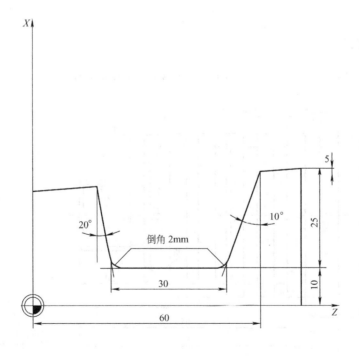

图 3.3.6　切槽循环举例

	;循环调用
N40 G0 G90 X50 Z65	;下一个位置
N50 M02	;程序结束

四、任务执行

(1)在数控车床装夹工件。

(2)实际操作不同形状的槽类零件。

(3)确定加工工艺路线,选择刀具。

(4)对刀、设置工件坐标零点,工件坐标系零点设置在工件右端中心。

(5)程序编制:

G95 G71 G40 G90

TID1

MO3 S500

GOX55SZ-10

CYCLE93(50,-10,10,5,5,,,0,0,,,0.2,0.2,2.0,,5)

CYCLE93(50,-30,10,5,5,,,0,0,,,0.2,0.2,2.0,,5)

G0 X60 Z100

M30

五、技能训练

(1)已知加工零件如图 3.3.7,毛坯外径 ϕ65,写出加工程序。

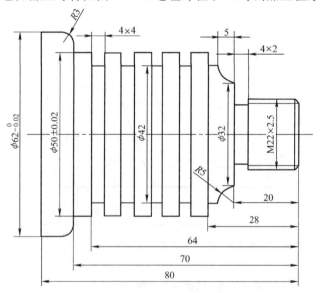

材料:45
用于程序加工

图 3.3.7　加工工件外轮廓

(2)加工零件如图 3.3.8,毛坯外径 ϕ50×160 的 45 钢,编制数控加工程序。

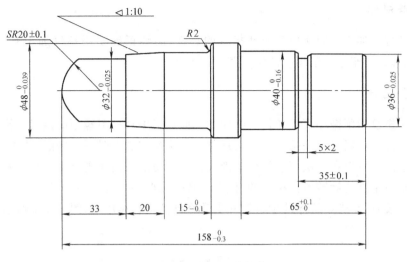

图 3.3.8 加工工件轮廓

任务四 数控车削螺纹零件的编程与加工

一、任务要求

毛坯为 $\phi60\times100$ 的棒料,要求加工如图 3.4.1 所示外轮廓。

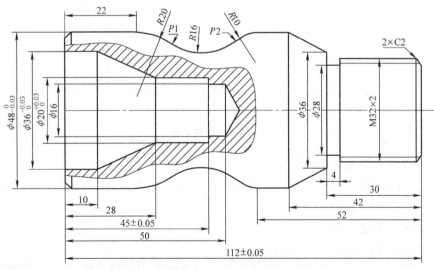

图 3.4.1 加工工件外轮廓

二、任务目标

理解螺纹加工 CYCLE97 循环指令的意义,能够正确使用螺纹加工 CYCLE97 指令;熟悉数控车床车削螺纹的编程和加工方法。

三、任务指导

使用螺纹切削循环可以获得在纵向和表面加工中具有恒螺距的圆形和锥形的内外螺纹。螺纹可以是单头螺纹和多头螺纹。多头螺纹加工时,每个螺纹依次加工,自动执行进给。可以在每次恒进给量切削或在恒定切削截面积进给中选择。右旋或左旋螺纹是由主轴的旋转方向决定的,该方向必须在循环执行前编程好。

攻螺纹时,在进给程序块中进给和主轴修调都不起作用,如图 3.4.2 所示。

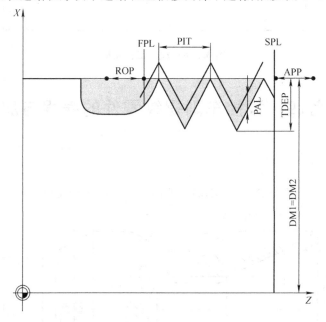

图 3.4.2 螺纹参数

螺纹加工循环指令的格式如下:

CYCLE97(PIT,MPIT,SPL,FPL,DM1,DM2,APP,ROP,TDEP,FAL,IANG,NSP,NRC,NID,VARI,NUMT)

下面对参数进行说明。

1. 数值 PIT 和螺纹尺寸 MPIT

螺距是一个平行于轴的数值且无符号。要获得公制的圆柱螺纹,也可以通过参数 MPIT(M3 到 M60)将螺纹起始点定义成螺纹尺寸。只能选择使用其中一种参数。如果参数值冲突,循环将产生报警 61001"螺距无效"且中断。

2. 直径 DM1 和 DM2

使用参数 DM1 和 DM2 来定义螺纹起始点和终点的螺纹直径。如果是内螺纹，则是孔的直径。

3. 起始点 SPL、终点 FPL、空刀导入量 APP 和空刀退出量 ROP

编程的起始点(SPL)和终点(FPL)形成了螺纹最初的起始点。循环中使用的起始点是由空刀导入量 APP 产生的起始点，而终点是由空刀退出量 ROP 返回的编程终点。在横向轴中，循环定义的起始点始终比编程的螺纹直径大 1 mm。此退回平面在系统内部自动产生。

4. 螺纹深度 TDEP、精加工余量 FAL、切削数量 NRC 和 NID 的相互联系

编程的精加工余量在轴向作用并从定义的螺纹深度 TDEP 中减去，剩余数分成粗加工数。循环将自动计算各个进给深度，取决于参数 VARI。当螺纹深度分成具有恒定切削截面积的进给量时，切削力在整个粗加工时将保持不变。在这种情况下，将使用不同的进给深度值来切削。第二个变量是将整个螺纹深度分配成恒定的进给深度。这时，每次的切削截面积越来越大，但由于螺纹深度值较小，则形成较好的切削条件。

完成第一步中的粗加工以后，将取消精加工余量 FAL。然后执行 NID 参数下编程的停顿路径。

5. 切入角 IANG

使用参数 IANG，可以定义螺纹的切入角。

如果要以合适的角度进行螺纹切削，此参数的值必须设为零。如果要沿侧面切削，此参数的绝对值必须设为刀具侧面角的一半值，如图 3.4.3 所示。

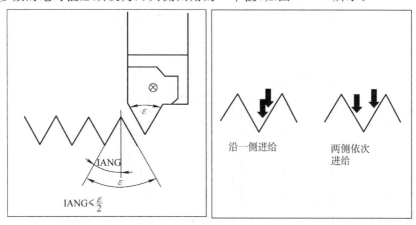

图 3.4.3　螺纹切入角

进给的执行是通过参数的符号定义的。如果是正值，进给始终在同一侧面执行，如果是负值，在两个侧面分别执行。在两侧交替的切削类型只适用于圆螺纹。如用于锥形螺纹的 IANG 值虽然是负，但是循环只沿一个侧面切削。

使用恒定深度进给

使用恒定切削截面积进给

图 3.4.4 螺纹加工进给方式

6. 起始点偏移 NSP 和数量 NUMT

使用此参数可以编程角度值,用来定义待切削部件的螺纹圈的起始点,这称为起始点偏移。此参数可以使用的值为 0 到 +359.999 9 度之间。如果未定义起始点偏移或该参数未出现在参数列表中,螺纹起始点则自动在零度标号处。

7. 加工类型 VARI

使用参数 VARI 可以定义是否执行外部或内部加工及对于粗加工时的进给采取何种加工类型。VARI 参数可以有 1 到 4 的值,它们的含义如图 3.4.4 和表 3.4.1 所示。

表 3.4.1 螺纹加工方式

值	外部/内部	恒定进给/恒定切削截面积
1	A	恒定进给
2	I	恒定进给
3	A	恒定切削截面积
4	I	恒定切削截面积

编程实例:通过此程序,使用侧面进给可以加工一个公制外螺纹 M42×2。按恒定切削截面积进给。无精加工余量,螺纹深度为 1.23 mm,进行 5 次粗加工。操作结束时,执行 2 个停顿路径,见图 3.4.5。

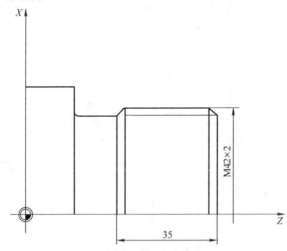

图 3.4.5 螺纹加工举例

编程如下:

N10 G0 G90 Z100 X60   ;选择起始位置

N20 G95 D1 T1 S1000 M4　　　　　　　　　　;定义技术值

N30 CYCLE97(，42，0，-35，42，42，10，3，1.23，0，30，0，5，2，3，1)

　　　　　　　　　　　　　　　　　　　　　　;循环调用

N230 G0 X70 Z160　　　　　　　　　　　　　;接近下一个位置

N240 M02　　　　　　　　　　　　　　　　　;程序结束

四、任务执行

1. 图纸分析

(1)加工内容:此零件加工包括车端面、外圆、倒角、圆弧、螺纹、槽等。

(2)工件坐标系:该零件加工需调头,从图纸上的尺寸标注分析可知,应设置2个坐标系,2个工件零点均定于装夹后的右端面(精加工面)。

装夹ϕ50外圆,平端面,对刀,设置第1个工件原点。此端面做精加工面,以后不再加工。

调头装夹ϕ48外圆,平端面,测量总长度,设置第2个工件原点(设在精加工端面上)。

(3)换刀点:(120,200)。

(4)公差处理:尺寸公差取中值。

2. 工艺处理

1)工步和走刀路线的确定

按加工过程确定走刀路线如下。

(1)装夹ϕ50外圆表面,探出65 mm,粗加工零件左侧外轮廓:2×45°倒角、ϕ48外圆、R20、R16、R10圆弧。

(2)精加工上述轮廓。

(3)手工钻孔,孔深至尺寸要求。

(4)粗加工孔内轮廓。

(5)精加工孔内轮廓。

(6)调头装夹ϕ48外圆,粗加工零件右侧外轮廓:2×45°倒角、螺纹外圆、ϕ36端面、锥面、ϕ48外圆到圆弧面。

(7)精加工上述轮廓。

(8)切槽。

(9)螺纹加工。

2)刀具的选择和切削用量的确定

根据加工内容确定所用刀具如图3.4.6所示。

T01D1——外轮廓粗加工:刀尖圆弧半径0.8 mm、切深2 mm、主轴转速800 r/min、进给速度150 mm/min。

T02D2——外轮廓精加工:刀尖圆弧半径0.8 mm、切深0.5 mm、主轴转速

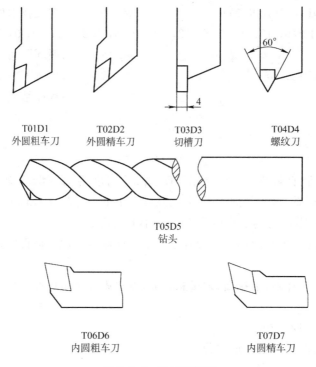

T01D1
外圆粗车刀

T02D2
外圆精车刀

T03D3
切槽刀

T04D4
螺纹刀

T05D5
钻头

T06D6
内圆粗车刀

T07D7
内圆精车刀

图 3.4.6　刀具选择图

1 500 r/min、进给速度 80 mm/min。

T03D3——切槽：刀宽 4 mm、主轴转速 450 r/min、进给速度 20 mm/min。

T04D4——加工螺纹：刀尖角 60°、主轴转速 400 r/min、进给速度 2 mm/r(螺距)。

T05D5——钻孔：钻头直径 16 mm、主轴转速 450 r/min。

T06D6——内轮廓粗加工：刀尖圆弧半径 0.8 mm、切深 1 mm、主轴转速 500 r/min、进给速度100 mm/min。

T07D7——内轮廓精加工：刀尖圆弧半径 0.8 mm、切深 0.4 mm、主轴转速 800 r/min、进给速度 60 mm/min。

3. 加工程序(加工螺纹)

T03D3 S500

G0 X40 Z−20

CYCLE93(32,−26,2,2,,,,,,,,0.2,0.2,1.5,,5)

G0 X100 Z100

T04D4 S400

G0 X26 Z2

CYCLE97(2,,0,−26,32,32,2,3,1.3,0.05,30,,10,1,3,1)

G0 X100 Z100

M02

五、技能训练

(1)零件如图 3.4.7 所示,毛坯尺寸 $\phi50\times135$,编制数控加工程序。

全部: $\sqrt{\dfrac{3.2}{}}$

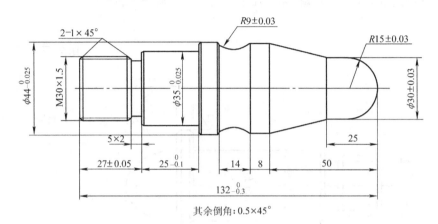

其余倒角:0.5×45°

图 3.4.7 加工零件轮廓(一)

(2) 加工零件如图 3.4.8 所示,毛坯尺寸 $\phi55\times70$,编制数控加工程序。

全部: $\sqrt{\dfrac{3.2}{}}$

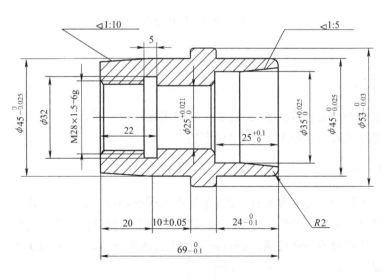

未注倒角:1×45°

图 3.4.8 加工零件轮廓(二)

任务五 数控车削复杂零件的编程与加工

一、任务要求

毛坯为 $\phi 50 \times 120$ 的棒料,要求加工如图 3.5.1 所示外轮廓。

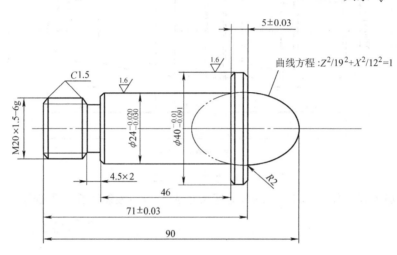

图 3.5.1 零件轮廓

二、任务目标

理解宏程序加工参数的意义,能够正确使用螺纹加工 CYCLE97 指令;熟悉数控车床车削螺纹的编程和加工方法;宏程序加工。

三、任务指导

西门子宏程序即为参数编程功能,在数控编程中,参数编程灵活、高效、快捷。参数编程不仅可以实现像子程序那样,对编制相同加工操作的程序非常有用,还可以完成子程序无法实现的特殊功能,例如,固定加工循环宏程序、椭圆面加工宏程序、双曲线加工宏程序等。

计算参数 R:要使一个 NC 程序不仅仅适用于特定数值下的一次加工,还必须计算出数值,这两种情况均可以使用计算参数。可以在程序运行时由控制器计算或设定所需要的数值;也可以通过操作面板设定参数数值。如果参数已经赋值,则它们可以在程序中对由变量确定的地址进行赋值。

编程 R0＝ 到 R299＝ 赋值,可以在以下数值范围内给计算参数赋值:

±(0.000 0001... 9999 9999)(8 位,带符号和小数点)

在取整数值时可以去除小数点。正号可以一直省去。

R0＝3.5678

R1＝−37.3

用指数表示法可以赋值更大的数值范围,指数值写在 EX 符号之后;最大符号数:10(包括符号和小数点)。

EX 值范围:−300 到＋300

R0＝−0.1EX−5 ;意义:R0＝−0.000 001

R1＝1.874EX8 ;意义:R1＝187 400 000

在一个程序段中可以有多个赋值语句;也可以用计算表达式赋值。通过给其他的 NC 地址分配计算参数或参数表达式,可以增加 NC 程序的通用性。

可以用数值、算术表达式或 R 参数对任意 NC 地址赋值。但对地址 N、G 和 L 例外。

赋值时在地址符之后写入符号"＝"。赋值语句也可以赋值一负号。

给坐标轴地址(运行指令)赋值时,要求有一独立的程序段。

N10 G0 X＝R2 ;给 X 轴赋值

数学运算功能如下。

1. 运算符号

常用的参数计算有:

＋(加) 　　　　　　　　 −(减)

＊(乘) 　　　　　　　　 /(除)

＝(等号) 　　　　　　　 SIN(正弦)

COS(余弦) 　　　　　　 TAN(正切)

ATAN(反正切) 　　　　 SQRT(平方根)

ABS(绝对值) 　　　　　 ROUND(四舍五入取整)

FIX(舍位取整) 　　　　 FUP(进位取整)

在计算参数时也遵循通常的数学运算规则。括号内的运算优先进行。另外,乘法和除法运算优先于加法和减法运算。角度计算单位为度。

编程举例:

N10 R1＝R1＋1 　　　　　　　　　　　　　　　　;由原来的 R1 加上 1 后得到新的 R1

N20 R1＝R2＋R3 　R4＝R5−R6 　R7＝R8＊R9 　R10＝R11/R12

N30 R13＝SIN(25.3) 　　　　　　　　　　　　　;R13 等于正弦 25.3 度

N40 R14＝R1＊R2＋R3 　　　　　　　　　　　;乘法和除法运算优先于加法和减法

R14＝(R1＊R2)＋R3

N50 R14＝R3＋R2＊R1　　　　　　　;与 N40 一样

N60 R15＝SQRT(R1＊R1＋R2＊R2)　　;平方根

坐标轴赋值编程举例：

N10 G1 G91 X＝R1　　Z＝R2 F3

N20 Z＝R3

N30 X＝－R4

N40 Z＝－R5

2. 程序跳转

程序跳转分为绝对跳转和有条件跳转两种方式。

标记符或程序段号用于标记程序中所跳转的目标程序段，用跳转功能可以实现程序运行分支。

标记符可以自由选取，但必须由 2～8 个字母或数字组成，其中开始两个符号必须是字母或下划线。

跳转目标程序段中标记符后面必须为冒号。标记符位于程序段段首。如果程序段有段号，则标记符紧跟着段号。

在一个程序段中，标记符不能含有其他意义。如：

N10 MARKE1:G1 X20　　　　;MARKE1 为标记符，跳转目标程序段

TR789;G0 X10 Z20　　　　　;TR789 为标记符，跳转目标程序段，没有段号

N100...　　　　　　　　　　;程序段号可以是跳转目标

1)绝对跳转

绝对跳转 NC 程序在运行时以写入时的顺序执行程序段。程序在运行时可以通过插入程序跳转指令改变执行顺序。

跳转目标只能是有标记符或一个程序段号的程序段，此程序段必须位于该程序之内。

绝对跳转指令必须占用一个独立的程序段。

Label

GOTOF Label　　　　　　　;向前跳转(向程序结束的方向)

GOTOB Label　　　　　　　;向后跳转(向程序开始的方向)

Label

GOTOF 向前跳转(向程序结束的方向跳转)

GOTOB 向后跳转(向程序开始的方向跳转)

Label 所选的字符串用于标记符或程序段号

N10

...

N20 GOTO F MARKE0　　　;跳转到标记 MARKE0

N50 MARKE0：R1 ＝ R2＋R3

N51

...

GOTO F MARKE1　　　　　　；跳转到标记 MARKE1

G0 X... Z...　　　　　　　　；程序执行

...

MARKE2：X... Z...

N100 M2　　　　　　　　　；程序结束

MARKE1：X... Z...

N150 GOTO B MARKE2　　；跳转到 MARKE2

2)有条件跳转

有条件跳转是用 IF 条件语句表示有条件跳转。如果满足跳转条件,则进行跳转。跳转目标只能是有标记符或程序段号的程序段。该程序段必须在此程序之内。

有条件跳转指令要求一个独立的程序段。在一个程序段中可以有许多个条件跳转指令。

使用了条件跳转后有时会使程序得到明显简化。

IF 条件 GOTOF Label　　；向前跳转

IF 条件 GOTOB Label　　；向后跳转

GOTOF 向前跳转(向程序结束的方向跳转)

GOTOB 向后跳转(向程序开始的方向跳转)

Label 所选的字符串用于标记符或程序段号

IF 跳转条件导入符

跳转的主要方式为条件比较运算,主要的条件比较运算如下：

＝＝(等于)　　　　　　　　＜＞(不等)

＞(大于)　　　　　　　　＜　(小于)

＞＝(大于或等于)　　　　＜＝(小于或等于)

用上述比较运算表示跳转条件,计算表达式也可用于比较运算。

比较运算的结果有两种,一种为"满足",另一种为"不满足"。"不满足"时,该运算结果值为零。

比较运算编程　　R1＞1　　　　　　；R1 大于 1

　　　　　　　　1＜R1　　　　　　；1 小于 R1

　　　　　　　　R1＜R2＋R3　　　；R1 小于 R2 加 R3

　　　　　　　　R6＞＝SIN(R7 ∗ R7)；R6 大于或等于 SIN(R7 ∗ R7)

编程举例：

N10 IF R1＜＞0 GOTOF LABEL1　　；R1 不等于零时,跳转到 LABEL1 程序段

...

N90 LABEL1:...

N100 IF R1>1 GOTOF LABEL2   ;R1 大于 1 时,跳转到 LABEL2
                                              程序段

...

N150 LABEL2:...

...

N800 LABEL3:...

...

N1000 IF R45＝R7＋1 GOTOB LABEL3   ;R45 等于 R7 加 1 时,跳转到
                                       LABEL3 程序段

一个程序段中有多个条件跳转:

N10 MA1:...

...

N20 IF R1＝1 GOTOB MA1 IF R1＝2 GOTOF MA2...

...

N50 MA2:...

注释:第一个条件实现后就进行跳转。

四、任务执行

1. 工艺分析

零件的主要加工内容包括外圆粗加工和精加工、切槽及螺纹的加工。加工工艺如下。

(1)零件左端加工:左端加工时从 M20X1.5 一直加工到 $\phi 40^{~0}_{-0.031}$ 外圆。装夹时也应考虑工件长度,应以一夹一顶的装夹方式加工。

(2)零件右端加工:右端加工较简单,只需夹住 $\phi 24^{-0.02}_{-0.039}$ 外圆,粗、精加工椭圆即可。

2. 刀具选择

(1)选用 $\phi 3$ 的中心钻钻削中心孔。

(2)粗、精车外轮廓及平端面时选用 93°硬质合金偏刀(刀尖角 35°、刀尖圆弧半径 0.4 mm)。

(3)螺纹退刀槽采用 4 mm 切槽刀加工。

(4)车削螺纹选用 60°硬质合金外螺纹车刀。

具体刀具参数见表 3.5.1。

3. 切削用量选择

(1)背吃刀量的选择。粗车轮廓时选用 $a_{\mathrm{p}}＝2$ mm,精车轮廓时选用 $a_{\mathrm{p}}＝0.5$ mm;螺纹车削选用 $a_{\mathrm{p}}＝0.5$ mm。

表 3.5.1 刀具卡

序号	刀具号	刀具类型	刀具半径	数量	加工表面	备注
1	T0101	93°外圆刀	0.4 mm	1	从右至左外轮廓	刀尖35°
2	T0202	外切槽刀	4 mm 槽宽	1	螺纹退刀槽	
3	T0303	外螺纹刀		1	外螺纹	刀尖60°

（2）主轴转速的选择。主轴转速的选择主要根据工件材料、工件直径的大小及加工的精度要求等，根据表 3.5.2 的要求，选择外轮廓粗车转速 $n=800$ r/min，精车转速 $n=1\ 500$ r/min。车螺纹时，主轴转速 $n=400$ r/min。切槽时，主轴转速 $n=400$ r/min。

（3）进给速度的选择。根据背吃刀量和主轴转速选择进给速度，分别选择外轮廓粗精车的进给速度为 130 mm/min 和 120 mm/min；切槽的进给速度为 30 mm/min。

具体工步顺序、工作内容、各工步所用的刀具及切削用量等详见表 3.5.2。

表 3.5.2 切削用量表

操作序号	工步内容	刀具号	切削用量		
			转速(r/min)	进给速度(mm/min)	切削深度(mm)
1	加工工件端面	T0101	800	100	0.5
2	粗车工件外轮廓(左端)	T0101	800	130	2
3	精车工件外轮廓(左端)	T0101	1 500	120	0.5
5	车螺纹退刀槽	T0202	400	30	4.5×2
6	车削外螺纹 M20×1.5	T0303	400	螺距1.5	0.3
7	粗车工件外轮廓(右端)	T0101	800	130	2
8	精车工件外轮廓(右端)	T0101	1 500	120	0.5
9	检验、校核				

4. 加工程序

只加工椭圆面程序：

```
N10 G0 G90 Z100 X60                      ;选择起始位置
N20 G95 D1 T1 S1000 M4                    ;换刀
N30 R1=0
R2=0
MARK R2= SQRT[144－144 * [ R1＋19] * [ R1＋19]/361]
R1=R1-0.1
G1 X=R2 * 2 Z=R1                          ;加工椭圆面
```

IF R1＞－19 GOTOB MARK   ;条件判断

M30

五、技能训练

要求写出零件的工艺分析、加工路线并填写工艺卡片、刀具卡片，并编写出零件加工程序，通过仿真后再通过机床加工出该零件，并检验加工精度，写出训练报告。见图3.5.2。

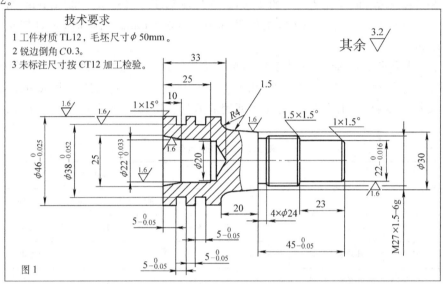

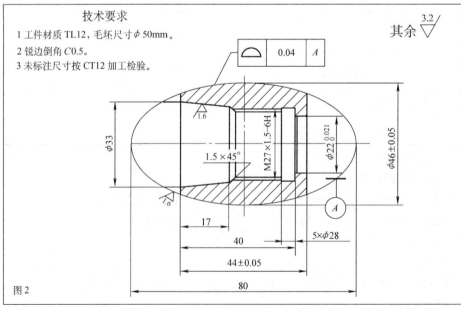

图 3.5.2　加工零件轮廓

项目四　数控铣床的基本操作

任务一　西门子 802D 系统概述及基本操作

一、任务要求

掌握西门子 802D 键符及控制面板按键作用，做回参考点操作。

二、任务目标

熟练掌握西门子 802D 键符及控制面板按键作用，并能进行相应的操作，掌握机床坐标系的建立及回参考点操作。

三、任务指导

（1）SINUMERIK 802D 键符定义如图 4.1.1 所示。

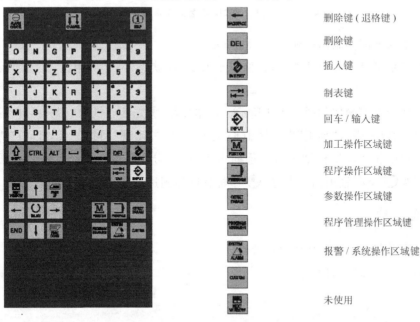

图 4.1.1　西门子 802D 键盘及按键的作用

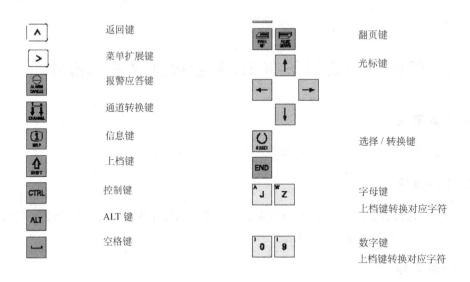

图 4.1.1　西门子 802D 键盘及按键的作用(续)

(2)机床外部控制面板如图 4.1.2 所示。

(3)屏幕可以划分为几个区域(如图 4.1.3):①状态区;②应用区;③说明及软键区。

(4)回参考点操作如图 4.1.4 所示。具体过程:①先接通机床电源,再启动系统;②系统启动以后进入"加工"操作区 JOG 运行方式,并出现"回参考点"窗口,在"回参考点"窗口中显示该坐标轴是否必须回参考点;③分别按 X、Y、Z 坐标轴的正方向键,结果为 〇 坐标轴未回参考点,◕ 坐标轴已经到达参考点。

四、技能训练

(1)手动状态下对机床各轴的操作。

(2)回参考点的操作。

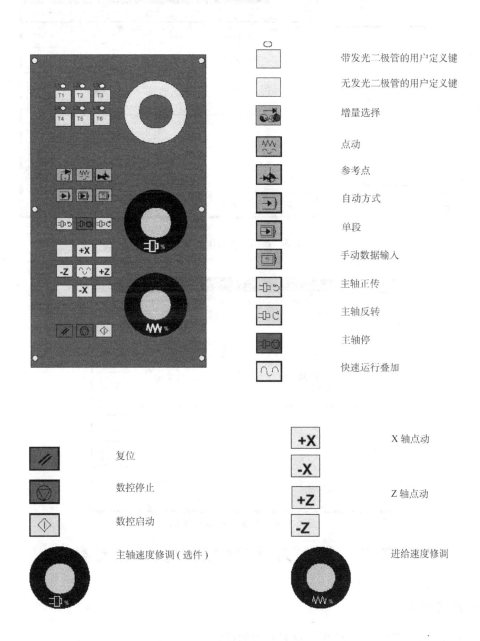

	带发光二极管的用户定义键
	无发光二极管的用户定义键
	增量选择
	点动
	参考点
	自动方式
	单段
	手动数据输入
	主轴正传
	主轴反转
	主轴停
	快速运行叠加

复位

数控停止

数控启动

主轴速度修调（选件）

+X   X轴点动

-X

+Z   Z轴点动

-Z

进给速度修调

图 4.1.2   控制面板及按键的作用

71

状态区

应用区

说明及
软键区

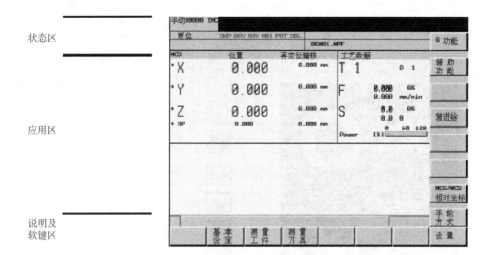

图 4.1.3　西门子 802D 屏幕划分

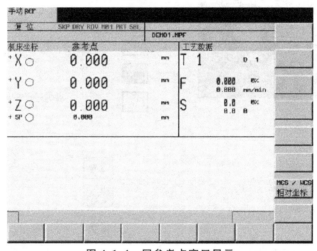

图 4.1.4　回参考点窗口显示

任务二　输入刀具参数及刀具补偿参数

一、任务要求

（1）熟练掌握刀具的建立及对刀具表的操作。

（2）掌握刀具补偿参数的建立。

二、任务目标

熟练掌握刀具参数及刀具补偿参数的设置。

三、任务指导

1. 刀具参数

刀具参数包括刀具几何参数、磨损量参数和刀具型号参数（如图 4.2.1）。不同类型的刀具均有一个确定的参数，每个刀具都有一个刀具号（T＿＿号）。

2. 打开刀具补偿参数窗口，显示所使用的刀具清单

可以通过光标键和"上一页"、"下一页"键选出所要求的刀具。

3. 软键功能

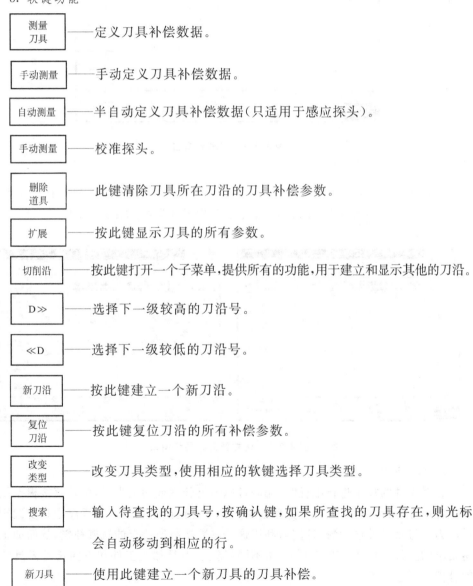

测量刀具	定义刀具补偿数据。
手动测量	手动定义刀具补偿数据。
自动测量	半自动定义刀具补偿数据（只适用于感应探头）。
手动测量	校准探头。
删除道具	此键清除刀具所在刀沿的刀具补偿参数。
扩展	按此键显示刀具的所有参数。
切削沿	按此键打开一个子菜单，提供所有的功能，用于建立和显示其他的刀沿。
D≫	选择下一级较高的刀沿号。
≪D	选择下一级较低的刀沿号。
新刀沿	按此键建立一个新刀沿。
复位刀沿	按此键复位刀沿的所有补偿参数。
改变类型	改变刀具类型，使用相应的软键选择刀具类型。
搜索	输入待查找的刀具号，按确认键，如果所查找的刀具存在，则光标会自动移动到相应的行。
新刀具	使用此键建立一个新刀具的刀具补偿。

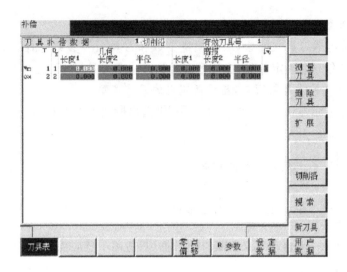

图 4.2.1　刀具表窗口

4. 建立新刀具

在该功能下有两个软键供使用,分别用于选择刀具类型和填入相应的刀具号。按"确认"键确认输入,在刀具清单中自动生成数据组(如图 4.2.2)。

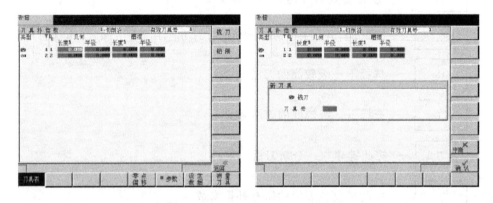

图 4.2.2　建立新刀具显示窗口

5. 功能说明

在对工件的加工进行编程时,无需考虑刀具长度或切削半径,可以直接根据图纸对工件尺寸进行编程。刀具参数单独输入到一专门的数据区。在程序中只要调用所需的刀具号及其补偿参数,控制器利用这些参数执行所要求的轨迹补偿,从而加工出所要求的工件。如图 4.2.3 所示,用不同半径的刀具加工工件和不同长度刀具的长度补偿。

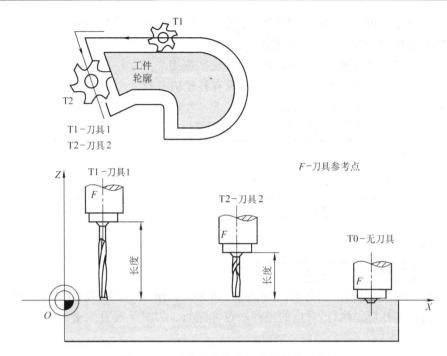

图 4.2.3　刀具长度补偿及半径补偿示意图

6. 刀具 T

编程 T 指令可以选择刀具。在此,是用 T 指令直接更换刀具还是仅仅进行刀具的预选,这必须要在机床数据中确定:用 T 指令直接更换刀具(比如车床中常用的刀具转塔刀架)或者仅用 T 指令预选刀具;另外还要用 M6 指令才可进行刀具的更换,如果已经激活一个刀具,则它一直保持有效,不管程序是否结束以及电源是否开/关。如果要手动更换一个刀具,则必须把更换的刀具输入到控制系统,并且确定系统已经识别正确的刀具。比如,可以在 MDA 方式下使用一个新的 T 字。

编程:T...;刀具号:1...32000,T0—没有刀具。

举例如下:

不用 M6 更换刀具:

N10 T1　　　　　　　　　　　;刀具 1

...

N70 T588　　　　　　　　　　;刀具 588

用 M6 更换刀具:

N10 T14　　　　　　　　　　;预选刀具 14

...

N15 M6　　　　　　　　　　;执行刀具更换;然后 T14 有效

7. 刀具补偿号 D

一个刀具可以匹配从 1 到 9 几个不同补偿的数据组(用于多个切削刃)。用 D

及其相应的序号可以编程一个专门的切削刃。如果没有编写 D 指令,则 D1 自动生效。如果编程 D0,则刀具补偿值无效。

系统中最多可以同时存储 64 个刀具补偿数据组。

编程:D...;刀具补偿号:1...9,D0;没有补偿值有效。

刀具中刀具补偿号匹配举例:

T1	D1	D2	D3		D9
T2	D1				
T3	D1				
T6	D1	D2	D3		
T9	D1	D2			
T...	D1	D2			

刀具调用后,刀具长度补偿立即生效;如果没有编程 D 号,则 D1 值自动生效。先编程的长度补偿先执行,对应的坐标轴也先运行。刀具半径补偿必须与 G41/G42 一起执行。

编程举例:

N5 G17   ;确定待补偿的轴

N10 T1   ;刀具 1D1 值生效

N11 G0 Z...   ;在 G17 平面中,Z 是刀具长度补偿

N50 T4 D2   ;更换成刀具 4,T4 中 D2 值生效

...

N70 G0 Z... D1   ;刀具 4 中 D1 值生效,在此仅更换切削刃

8. 确定刀具补偿值

(1)利用 F 点的实际位置(机床坐标)和参考点,系统可以在所预选的坐标轴方向计算出刀具补偿值长度 1 或刀具半径(如图 4.2.4)。

(2)采用手动测量,打开补偿值窗口(如图 4.2.5)。

(3)在 X0、Y0 或者 Z0 处登记一个刀具当前所在位置的数值,该值可以是当前的机床坐标值,也可以是一个零点偏置值。如果使用了其他数值,则补偿值以此位置为准。

(4)按软键"设置长度"或者"设置直径",系统根据所选择的坐标轴计算出它们相应的几何长度 1 或直径。所计算出的补偿值被存储。

(5)如果在刀具和工件之间装有间隔物,可以在"清除"区定义它的厚度。

四、技能训练

选定几把不同的刀,要求正确地建立刀具补偿参数。

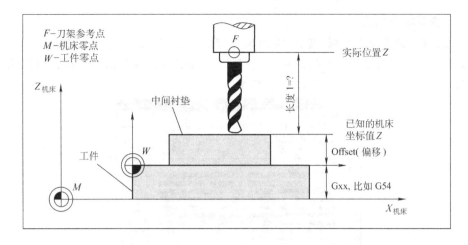

图 4.2.4　刀具长度补偿值设置示意图

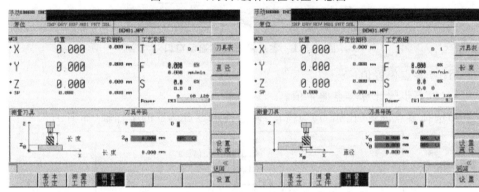

图 4.2.5　刀具长度补偿设置操作窗口

任务三　输入/修改零点偏置值

一、任务要求

能够正确对刀并输入、修改零点偏置值。

二、任务目标

能够熟练掌握零点偏置点设置及操作。

三、任务指导

在回参考点之后,实际值存储器以及实际值的显示均以机床零点为基准,而工件的加工程序则以工件零点为基准,这之间的差值就作为可设定的零点偏移量输入。

1)选择零点偏置

通过按"参数操作区域"键和"零点偏移"软键可以选择零点偏置(如图 4.3.1)。屏幕上显示出可设定零点偏置的情况,包括已编程的零点偏置值、有效的比例、系数状态显示"镜相有效"以及所有的零点偏置。

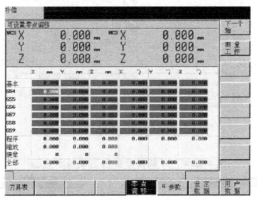

图 4.3.1　零点偏置设定显示窗口

2)计算零点偏置值

通过以下步骤计算零点偏置值。

(1)选择零点偏置(比如 G54)窗口,确定待求零点偏置的坐标轴(如图 4.3.2)。

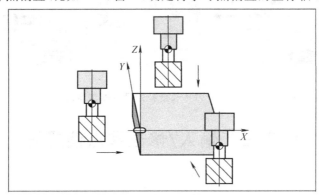

图 4.3.2　零点偏置需要确定的坐标轴

(2)按软键"测量工件"。控制系统转换到"加工"操作区,出现对话框用于测量零点偏置。所对应的坐标轴以背景为黑色的软键显示。移动刀具,使其与工件相接触。在工件坐标系"设定 Z 位置"区域,输入所要接触的工件边沿的位置值。如果刀具不可能接触到工件边沿,或者刀具无法到达所要求的点(比如使用了一个垫块),则在填参数"设定 Z 位置"时必须要考虑刀具与所要求点之间的距离(如图 4.3.3、图 4.3.4 和图 4.3.5)。

(3)按 设定零点偏移 软键计算零点偏移,结果显示在零偏栏内。

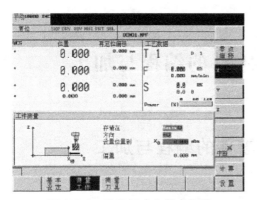

图 4.3.3　确定 *X* 方向零点偏置

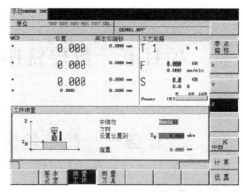

图 4.3.4　确定 *Z* 方向零点偏置

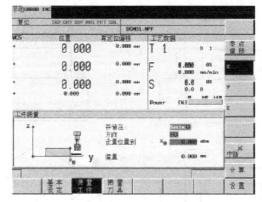

图 4.3.5　确定 *Y* 方向零点偏置

四、技能训练

选择一块 30 mm×30 mm×25 mm 的板材,确定四个角点及中心为工件坐标原点,分别设定零点偏置值。

项目五 数控铣削零件的编程与加工

任务一 简单轮廓零件的编程与加工

一、任务要求

　　毛坯为 30 mm×30 mm×25 mm 的板材,要求加工出如图 5.1.1 所示的外轮廓,工件材料为铝。

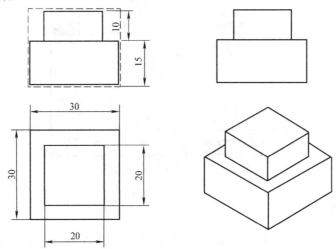

图 5.1.1　零件加工图

二、任务目标

　　(1)掌握西门子 802D 加工程序的结构及组成,并理解各组成部分的意义。
　　(2)掌握编程基本指令的功能及在编程中的应用。
　　(3)掌握简单零件工艺分析方法及编程。

三、任务指导

　　1. 程序名称
　　每个程序均有一个程序名。在编制程序时可以按以下规则确定程序名:开始的两个符号必须是字母;其后的符号可以是字母、数字或下划线;最多为 16 个字符;不得使用分隔符。例如 RAHMEN52。

2. 程序结构

NC 程序由各个程序段组成(参见表 5.1.1),每一个程序段执行一个加工步骤,程序段由若干个字组成,最后一个程序段包含程序结束符。

表 5.1.1　程序段的组成

程序段	字	字	字	…	;注释
程序段	N10	G0	X20	…	;第一程序段
程序段	N20	G2	Z37	…	;第二程序段
程序段	N30	G91	…	…	…
程序段	N40	…	…	…	…
程序段	N50	M2			;程序结束

程序段中有很多指令时建议按如下顺序:

N... G... X... Y... Z... F... S... T... D... M... H...

3. 字结构及地址

字是组成程序段的元素,由字构成控制器的指令。

字由地址符(地址符一般是一字母)和数值(数值是一个数字串,它可以带正负号和小数点)两部分组成。正号可以省略不写(参见表 5.1.2)。

表 5.1.2　字的组成

字	字	字
地址 ┊ 值	地址 ┊ 值	地址 ┊ 值
举例:　G1	举例:　X-20.1	举例:　F300
说明:　直线插补运行	说明:　X轴位移或终点位置:-20.1mm	说明:　进给率:300mm/min

4. 平面选择:G17 到 G19

在计算刀具长度补偿和刀具半径补偿时必须首先确定一个平面,即确定一个两坐标轴的坐标平面,在此平面中可以进行刀具半径补偿(如图 5.1.2)。

5. G90 和 G91

G90 和 G91 指令分别对应着绝对位置数据输入和增量位置数据输入。

其中 G90 表示坐标系中目标点的坐标尺寸,G91 表示待运行的位移量。G90/G91 适用于所有坐标轴。在位置数据不同于 G90/G91 的设定时,可以在程序段中通过 AC/IC 以绝对尺寸/相对尺寸方式进行设定。这两个指令不决定到达终点位置的

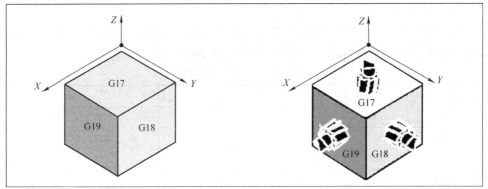

图 5.1.2 平面的确定

轨迹,轨迹由 G 功能组中的其他 G 功能指令决定,用＝AC(...),＝IC(...)定义 G90 和 G91(见图 5.1.3)。

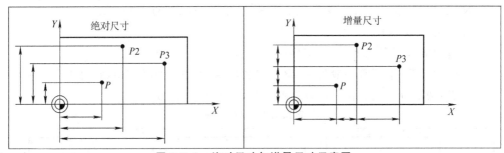

图 5.1.3 绝对尺寸与增量尺寸示意图

6. 指令说明

G90   ;绝对尺寸

G91   ;增量尺寸

X＝AC(...)   ;某轴以绝对尺寸输入,程序段方式

X＝IC(...)   ;某轴以相对尺寸输入,程序段方式

绝对位置数据输入 G90:在绝对位置数据输入中,尺寸取决于当前坐标系(工件坐标系或机床坐标系)的零点位置;零点偏置有可编程零点偏置、可设定零点偏置或者没有零点偏置几种情况;程序启动后 G90 适用于所有坐标轴,并且一直有效,直到在后面的程序段中由 G91(增量位置数据输入)替代为止(模态有效)。

增量位置数据输入 G91:在增量位置数据输入中,尺寸表示待运行的轴位移,移动的方向由符号决定;G91 适用于所有坐标轴,并且可以在后面的程序段中由 G90(绝对位置数据输入)替换。

用＝AC(...),＝IC(...)定义:赋值时必须要有一个等于符号。数值要写在圆括号中。圆心坐标也可以以绝对尺寸用＝AC(...)定义。

7. 工件装夹——可设定的零点偏置:G54 到 G59

(1)指令功能:可设定的零点偏置给出工件零点在机床坐标系中的位置(工件零点以机床零点为基准偏移),当工件装夹到机床上后求出偏移量,并通过操作面板输

入到规定的数据区,程序可以通过选择相应的 G 功能 G54...G59 激活此值。说明:
G54 到 G59 激活时同时有效。

编程　G54　　;第一可设定零点偏置
　　　　G55　　;第二可设定零点偏置
　　　　G56　　;第三可设定零点偏置
　　　　G57　　;第四可设定零点偏置
　　　　G58　　;第五可设定零点偏置
　　　　G59　　;第六可设定零点偏置

(2)图 5.1.4 是可设定的零点偏移。

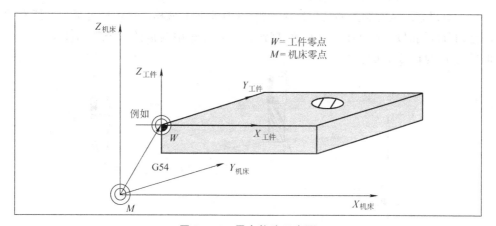

图 5.1.4　零点偏移示意图

(3)图 5.1.5 是在钻削/铣削时几个可能的夹紧方式。

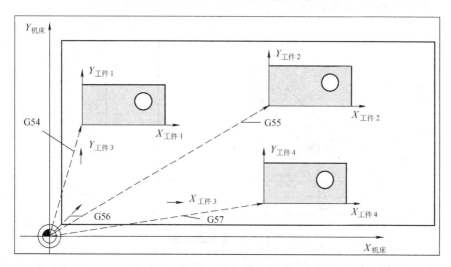

图 5.1.5　多个零点偏移的示意图

8. G0 与 G1 指令训练

1)快速直线移动指令 G0

轴快速移动 G0 用于快速定位刀具,没有对工件进行加工。可以在几个轴上同时执行快速移动,由此产生一线性轨迹。机床数据中规定每个坐标轴快速移动速度的最大值,一个坐标轴运行时就以此速度快速移动。如果快速移动同时在两个轴上执行,则移动速度为考虑所有参与轴的情况下所能达到的最大速度。用 G0 快速移动时在地址 F 下编程的进给率无效。G0 一直有效,直到被 G 功能组中其他的指令(G1,G2,G3,…)取代为止。

2)带进给率的线性插补指令 G1

刀具以直线从起始点移动到目标位置,以地址 F 下编程的进给速度运行。所有的坐标轴可以同时运行。G1 一直有效,直到被 G 功能组中其他的指令(G0,G2,G3,…)取代为止(见图 5.1.6)。

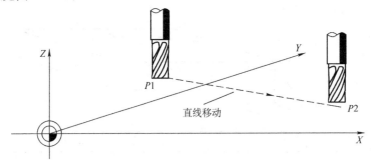

图 5.1.6 线性插补指令功能示意图

3)编程举例(如图 5.1.7)

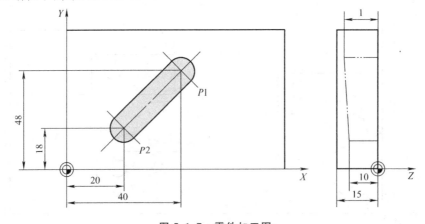

图 5.1.7 零件加工图

N05 G0 G90 X40 Y48 Z2 S500 M3 ;刀具快速移动到 P1,3 轴同时运动,主轴转

速＝500 r/min,顺时针旋转

N10 G1 Z—12 F100　　　　　;进刀到 Z—12,进给率 100 mm/min
N15 X20 Y18 Z—10　　　　　;刀具在空中沿直线运行到 P2
N20 G0 Z100　　　　　　　　;快速移动空运行
N25 X—20 Y80
N30 M30　　　　　　　　　　;程序结束

9. 刀尖半径补偿:G41,G42

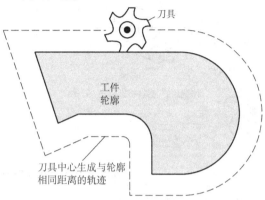

刀具在所选择的平面 G17 到平面 G19 中带刀具半径补偿工作。刀具必须有相应的 D 号才能有效。刀尖半径补偿通过 G41/G42 生效。控制器自动计算出当前刀具运行所产生的、与编程轮廓等距离的刀具轨迹。

图 5.1.8 与图 5.1.9 所示刀具半径补偿:

图 5.1.8　刀具半径补偿示意图

G41 X... Y...　　　;在工件轮廓左边刀补有效
G42 X... Y...　　　;在工件轮廓右边刀补有效

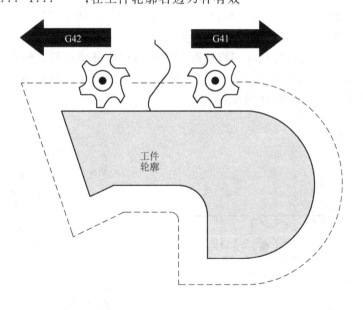

图 5.1.9　左刀补与右刀补示意图

刀具以直线回轮廓,并在轮廓起始点处与轨迹切向垂直。正确选择起始点,保证刀具运行不发生碰撞。

例如:G42,刀尖位置 3 时进行刀尖半径补偿,如图 5.1.10 所示。

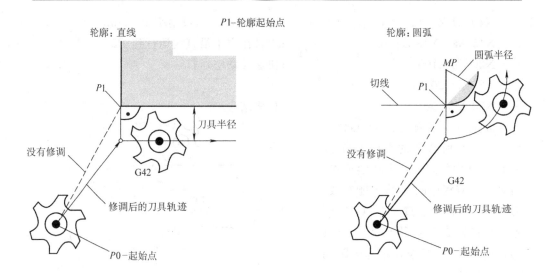

图 5.1.10　刀具补偿时进刀示意图

10. 取消刀具补偿

用 G40 取消刀尖半径补偿,此状态也是编程开始时所处的状态。

G40 指令之前的程序段,刀具以正常方式结束(结束时补偿矢量垂直于轨迹终点处切线),与起始角无关。在运行 G40 程序段之后,刀尖到达编程终点。在选择 G40 程序段编程终点时,要始终确保运行不会发生碰撞。G40 X... Y...;取消刀尖半径补偿注释:只有在线性插补(G0,G1)情况下才可以取消补偿运行。编程两个坐标轴(比如在 G17:X,Y),如果只给出一个坐标轴的尺寸,则第二个坐标轴自动地以在此之前最后编程的尺寸赋值(如图 5.1.11)。

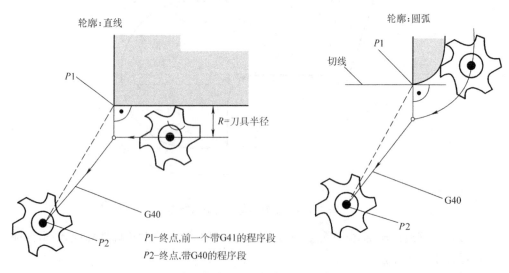

图 5.1.11　取消刀补时退刀示意图

四、任务执行

1. 根据图纸要求，确定工艺方案及加工路线

(1)以底面为定位基准，选用平口钳进行装夹，装夹时注意上表面与钳口距离要大于 10 mm。

(2)可选用直径为 10 mm 立铣刀。

(3)切削参数采用主轴转速为 2 000 r/min，进给速度为 200 mm/min，刀具从毛坯外下刀，采用顺铣。

2. 编写加工程序

确定工件坐标系：

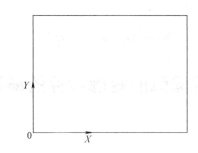

程序：G54　　　　　　　　　　　　　　　;选定零偏

　　T1D1　　　　　　　　　　　　　　　;选择刀具

　　M03S2000F200　　　　　　　　　　　;确定切削参数

　　G17G90G00X－10Y－10Z10　　　　　;将刀具移至工件外

　　G0Z－10　　　　　　　　　　　　　;Z 轴吃刀

　　G41G1X5Y5　　　　　　　　　　　　;加刀补，沿编程轮廓铣削

　　G1Y25

　　G1X25

　　G1Y5

　　G1X－5

　　G40G1X－6　　　　　　　　　　　　;取消刀补

　　G0Z100　　　　　　　　　　　　　　;Z 轴抬刀

　　M30　　　　　　　　　　　　　　　　;程序结束

五、技能训练

如图 5.1.12 所示成型面零件，已知毛坯尺寸为 30 mm×30 mm×25 mm，先分析加工工艺，编写出数控加工程序并加工。

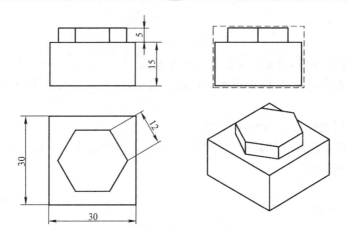

图 5.1.12　零件加工图纸

任务二　带圆弧的轮廓零件的编程与加工

一、任务要求

毛坯为 30 mm×30 mm×25 mm 板材,要求加工出如图 5.2.1 所示的外轮廓,工件材料为铝。

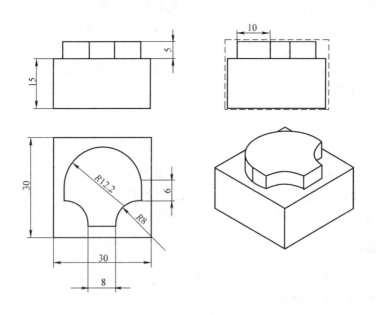

图 5.2.1　零件加工图

二、任务目标

(1)掌握圆弧插补指令的功能及在编程中的应用。

(2)掌握带圆弧的轮廓零件工艺分析方法及编程。

三、任务指导

1. 圆弧插补:G2,G3

刀具沿圆弧轮廓从起始点运行到终点。运行方向由 G 功能定义:G2 ——顺时针方向;G3 ——逆时针方向。圆弧插补 G2/G3 在 3 个平面中的方向规定见图 5.2.2。

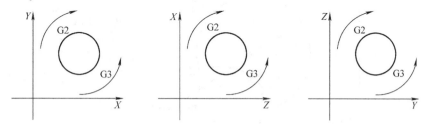

图 5.2.2　圆弧插补指令在不同平面的插补方向

2. G2/G3 进行圆弧编程的方法

G2/G3 一直有效,直到被 G 功能组中其他的指令(G0,G1,...)取代为止。进给速度由编程的进给率字决定。如图 5.2.3 所示。

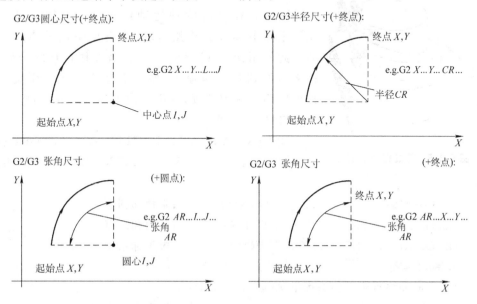

图 5.2.3　圆弧插补指令编程示意图

G2/G3 X...Y...I...J...　　　　;圆心和终点
G2/G3 CR=...X...Y...　　　　;半径和终点
G2/G3 AR=...I...J...　　　　;张角和圆心
G2/G3 AR=...X...Y...　　　　;张角和终点

只有用圆心和终点定义的程序段才可以编程整圆。

在用半径定义的圆弧中,CR=... 的符号用于选择正确的圆弧。使用同样的起始点、终点、半径和相同的方向,可以编程 2 个不同的圆弧。CR=-... 中的负号说明圆弧段大于半圆;否则,圆弧段小于或等于半圆(如图 5.2.4)。

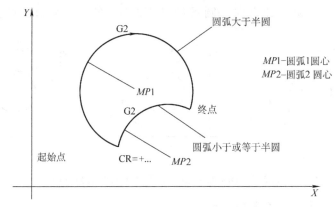

图 5.2.4　优弧与劣弧编程示意图

图 5.2.5　螺旋插补示意图

3. 螺旋插补:G2/G3,TURN

螺旋插补是由两种运动组成:在 G17、G18 或 G19 平面中进行的圆弧运动;垂直该平面的直线运动。此外用指令 TURN=... 编程整圆循环的个数,这将附加到圆弧编程中,如图 5.2.5 所示。螺旋插补可以用于铣削螺纹,或用于加工油缸的润滑槽。

编程:

G2/G3 X...Y...Z...I...J... TURN=...　　;圆心和终点
G2/G3 CR=...X...Y...Z...TURN=...　;圆半径和终点

G2/G3 AR=...I...J...Z...TURN=...　　　　;张角和圆心
G2/G3 AR=...X...Y...Z...TURN=...　　　　;张角和终点
G2/G3 AP=...RP=...Z...TURN=...　　　　;极坐标系

4. 编程举例

(1)圆心和终点定义的编程举例(如图 5.2.6):

N5 G90 X30Y40　　　　　　　　;N10 圆弧的起始点
N10 G2 X50Y40 I10 J-7;　　　　;终点和圆心

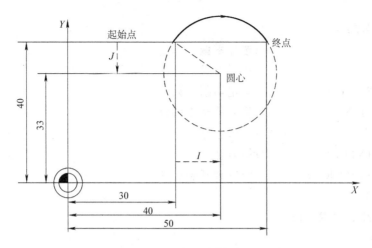

图 5.2.6　编程举例图纸

（2）终点和半径定义的编程举例：

N5 G90 X30 Y40　　　　　　　　　;N10 圆弧的起始点

N10 G2 X50 Y40 CR＝12.207　;终点和半径

说明:CR＝－... 中的负号会选择一个大于半圆的圆弧段。

（3）圆弧插补的举例：

N10 G17　　　　　　　　　　　　　;X/Y 平面,Z－垂直于该平面

N20...Z...

N30 G1 X0 Y50 F300　　　　　　;回起始点

N40 G3 X0 Y0 Z33 I0 J－25 TURN＝3;螺旋

四、任务执行

1. 根据图纸要求,确定工艺方案及加工路线

（1）底面为定位基准,选用平口钳进行装夹,装夹时注意上表面与钳口距离要大于 10 mm。

（2）可选用直径为 16 mm 立铣刀。

（3）切削参数采用主轴转速为 2 000 r/min,进给速度为 200 mm/min,刀具从毛坯外下刀,采用顺铣。

2. 编写加工程序

确定工件坐标系：

加工程序：

G54	;选择零偏
T1D1	;选择刀具
M03S2000F200	;确定切削参数
G0X−10Y−10Z10	;将刀移至工件以外
G1Z−5	;Z 轴吃刀
G41G1X11Y2	;加刀补
G03X3Y10CR＝8	;沿轮廓开始切削
G1Y16	
G02X27Y16CR＝12	
G1Y10	
G03X19Y2CR＝8	
G1X0	;将刀移出切削轮廓
G40X−5	;取消刀补
G0Z100	
M30	

五、技能训练

如图 5.2.7 所示成型面零件,已知毛坯尺寸为 30 mm×30 mm×25 mm,编写数控加工程序并进行加工。

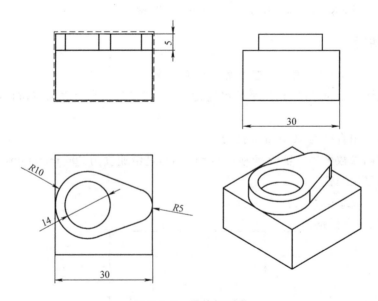

图 5.2.7 零件加工图

任务三　子程序及调用

一、任务要求

毛坯为 60 mm×50 mm×15 mm 铝材,要求加工出如图 5.3.1 所示的外轮廓。

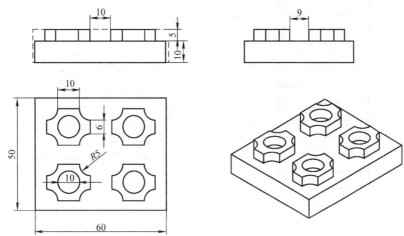

图 5.3.1　零件加工图

二、任务目标

(1)熟练掌握子程序指令的作用及在编程中的运用。

(2)掌握子程序的编写及调用。

(3)掌握镜像指令功能。

三、任务指导

1. 子程序结构

原则上讲主程序和子程序之间并没有区别。用子程序编写经常重复进行的加工,比如某一确定的轮廓形状。子程序位于主程序中适当的地方,在需要时进行调用、运行。子程序的一种形式就是加工循环,加工循环包含一般通用的加工工序,诸如螺纹切削、坯料切削加工等。通过给规定的计算参数赋值就可以实现各种具体的加工(如图 5.3.2)。

子程序的结构与主程序的结构一样,在子程序中也是在最后一个程序段中用 M2 结束子

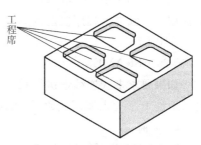

图 5.3.2　加工循环示意图

93

程序运行。子程序结束后返回主程序。除了用 M2 指令外，还可以用 RET 指令结束子程序。RET 要求占用一个独立的程序段。用 RET 指令结束子程序、返回主程序时不会中断 G64 连续路径运行方式，用 M2 指令则会中断 G64 运行方式，并进入停止状态(如图 5.3.3)。

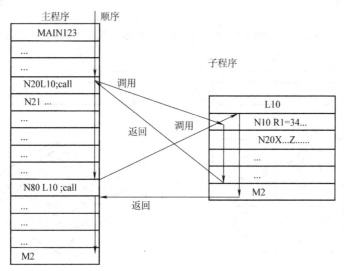

图 5.3.3　子程序调用示意图

2. 子程序程序名

为了方便地选择某一子程序，必须给子程序取一个程序名。程序名可以自由选取，但必须符合以下规定：开始两个符号必须是字母；其他符号为字母、数字或下划线；最多 16 个字符；没有分隔符。其方法与主程序中程序名的选取方法一样。例如 FRAME7。

另外，在子程序中还可以使用地址字 L...，其后的值可以有 7 位(只能为整数)。

注意：地址字 L 之后的每个零均有意义，不可省略。例如 L128 并非 L0128 或 L00128！他们表示 3 个不同的子程序。

3. 子程序调用

在一个程序中(主程序或子程序)可以直接用程序名调用子程序。子程序调用要求占用一个独立的程序段。例如：

N10 L785　　　　　　　　　;调用子程序 L785

N20 LFRAME7　　　　　　　 ;调用子程序 LFRAME7

如果要求多次连续地执行某一子程序，则在编程时必须在所调用子程序的程序名后地址 P 下写入调用次数，最大次数可以为 9999(P1...P9999)。

4. 举例

N10 L785 P3 子程序不仅可以从主程序中调用，也可以从其他子程序中调用，这个过程称为子程序的嵌套。子程序的嵌套深度可以为 8 层,也就是四级程序界面(包括主程序界面),如图 5.3.4 所示。

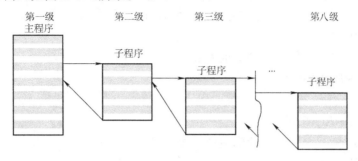

图 5.3.4 子程序嵌套示意图

5. 编程的镜像:MIRROR,AMIRROR

用 MIRROR 和 AMIRROR 可以以坐标轴镜像工件的几何尺寸。编程为镜像功能的坐标轴,其所有运动都以反向运行。

MIRROR X0Y0 Z0 ;可编程的镜像功能,清除所有有关偏移、旋转、比例系数、镜像的指令

AMIRROR X0Y0 Z0;可编程的镜像功能,附加于当前的指令

MIRROR ;不带数值,清除所有有关偏移、旋转、比例系数、镜像的指令

MIRROR/AMIRROR 指令要求一个独立的程序段。坐标轴的数值没有影响,但必须定义一个数值。

说明:在镜像功能有效时已经使能的刀具半径补偿(G41/G42)自动反向。在镜像功能有效时旋转方向 G2/G3 自动反向(如图 5.3.5 所示)。

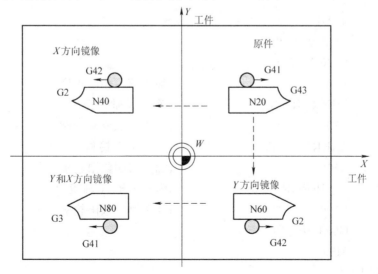

图 5.3.5 镜像功能示意图

在不同的坐标轴中镜像功能对使能的刀具半径补偿和 G2/G3 的影响：

```
N10 G17                    ;X/Y 平面,Z—垂直于该平面
N20 L10                    ;编程的轮廓,带 G41
N30 MIRROR X0
N40L10                     ;镜像的轮廓
N50 MIRRORY0
N60 L10
N70 AMIRROR X0
N80L10                     ;轮廓镜像两次
N90 MIRROR ...
```

四、任务执行

1. 根据图纸要求,确定工艺方案及加工路线

(1)以底面为定位基准,选用平口钳进行装夹,装夹时注意上表面与钳口距离要大于 5 mm。

(2)可选用直径为 8 mm 立铣刀。

(3)切削参数采用主轴转速为 2 000 r/min,进给速度为 200 mm/min,刀具从毛坯外下刀,采用顺铣。

2. 编写加工程序

选定工件上表面对角线交点为工件坐标原点,并确定工件坐标系。加工程序如下。

```
主程序：  G54
         T1D1
         M3S2000F200
         G0X0Y0Z50
         L100                    ;加工第一象限轮廓
         MIRROR   X0             ;关于 X 轴镜像
         L100                    ;加工第二象限轮廓
         MIRROR   Y0             ;关于 Y 轴镜像
         L100                    ;加工第四象限轮廓
         AMIRROR   X0            ;附加关于 X 轴镜像
         L100                    ;加工第三象限轮廓
         G0Z100
         M30
子程序 L100：
         G0   Z5
```

```
G0    X40   Y12.5
G1    Z-5
G1    X25
G42   Y15.5
G2    X20   Y20.5   CR=5
G1    X10
G2    X5    Y15.5   CR=5
G1    Y9.5
G2    X10   Y4.5    CR=5
G1    X20
G2    X25   Y9.5    CR=5
G1    Y15
G0    Z5
G40   G0   X15    Y12.5   Z2
G42   G1   X20
G2    X20   Y12.5   Z-5   I=AC(15)   J=AC(0)   TURN=5
G2    X20   Y12.5   I=AC(15)   J=AC(0)
G40   G1   X15
G0    Z10
M17
```

五、技能训练

如图 5.3.6 所示成型面零件,已知毛坯尺寸为 60 mm×50 mm×25 mm,编写数控加工程序并进行图形模拟加工。

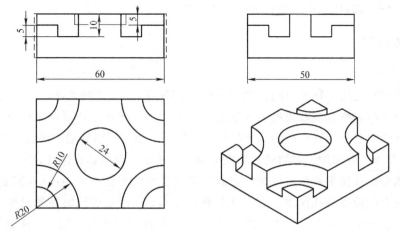

图 5.3.6　零件加工图

任务四　孔 类 加 工

一、任务要求

毛坯为 50 mm×40 mm×25 mm 铝材,要求加工出如图 5.4.1 所示的孔。

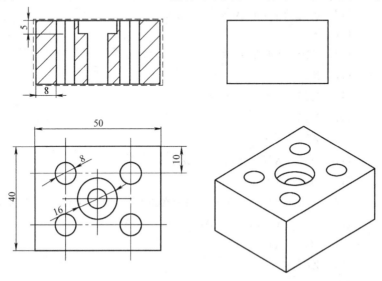

图 5.4.1　零件加工图

二、任务目标

(1)掌握孔的加工工艺。

(2)掌握孔的加工指令及在编程中的应用。

三、任务指导

1. 钻孔概述

钻孔循环是用于钻孔、镗孔、攻丝的按照 DIN66025 定义的动作顺序。这些循环以具有定义的名称和参数表的子程序的形式来调用。钻孔循环可以是模态的,即在包含动作命令的每个程序块的末尾执行这些循环。用户写的其他循环也可以按模态调用,有几何参数和加工参数两种类型的参数。用于所有的钻孔循环、钻孔样式循环和铣削循环的几何参数是一样的。它们定义参考平面和返回平面,以及安全间隙和绝对或相对的最后钻孔深度。在首次钻孔循环 CYCLE82 中几何参数只赋值一次。加工参数在各个循环中具有不同的含义和作用,因此它们在每个循环中单独编程,见图 5.4.2。

2. 钻孔、中心孔

1)指令格式

CYCLE81（RTP，RFP，SDIS，DP，DPR），指令参数见表 5.4.1。

刀具按照编程的主轴速度和进给率钻孔直至到达输入的最后的钻孔深度。循环形成以下的运动顺序（见图 5.4.2）。

（1）使用 G0 回到安全间隙之前的参考平面。

（2）按循环调用前所编程的进给率(G1)移动到最后的钻孔深度。

（3）使用 G0 返回到退回平面。

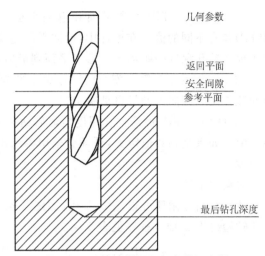

图 5.4.2　钻孔循环几何参数示意图

表 5.4.1　CYCLE81 指令参数表

RTP	Real	后退平面(绝对)
RFP	Real	参考平面(绝对)
SDIS	Real	安全间隙(无符号输入)
DP	Real	最后钻孔深度(绝对)
DPR	Real	相当于参考平面的最后钻孔深度(无符号输入)

2)参数说明

如图 5.4.3 所示。

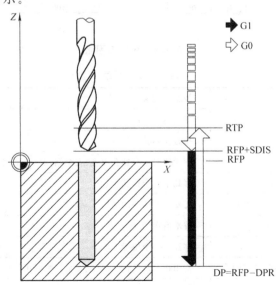

图 5.4.3　CYCCE81 指令动作示意图

(1)RFP 和 RTP(参考平面和返回平面):通常,参考平面(RFP)和返回平面(RTP)具有不同的值。在循环中,返回平面定义在参考平面之前。这说明从返回平面到最后钻孔深度的距离大于参考平面到最后钻孔深度间的距离。

(2)SDIS(安全间隙):安全间隙作用于参考平面,参考平面由安全间隙产生。安全间隙作用的方向由循环自动决定。

(3)DP 和 DPR(最后钻孔深度):最后钻孔深度可以定义成参考平面的绝对值或相对值。如果是相对值定义,循环会采用参考平面和返回平面的位置自动计算相应的深度。

3)编程举例

使用此钻孔循环可以钻 3 个孔,如图 5.4.4 所示。可使用不同的参数调用它。钻孔轴始终为 Z 轴。程序见表 5.4.2。

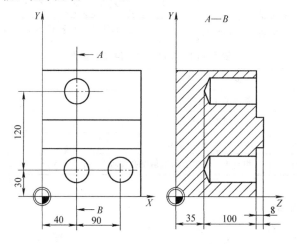

图 5.4.4　孔加工图纸

表 5.4.2　程序

N10 G0 G17 G90 F200 S300 M3	技术值定义
N20 D3 T3 Z110	接近返回平面
N30 X40 Y120	接近初始钻孔位置
N40 CYCLE81(110,100,2,35)	使用绝对最后钻孔深度、安全间隙以及不完整的参数表调用循环
N50 Y30	移到下一个钻孔位置
N60 CYCLE81(110,102,,35)	无安全间隙调用循环
N70 G0 G90 F180 S300 M03	技术值定义
N80 X90	移到下一个位置
N90 CYCLE81(110,100,2,65)	使用相对最后钻孔深度、安全间隙调用循环
N100 M02	程序结束

3. 中心钻孔:CYCLE82

1)指令格式

CYCLE82(RTP,RFP,SDIS,DP,DPR,DTB),指令参数如表5.4.3所示。

表 5.4.3　CYCLE82 指令参数表

RTP	Real	后退平面(绝对)
RFP	Real	参考平面(绝对)
SDIS	Real	安全间隙(无符号输入)
DP	Real	最后钻孔深度(绝对)
DPR	Real	相当于参考平面的最后钻孔深度(无符号输入)
DTB	Real	最后钻孔深度时的停顿时间(断屑)

2)指令功能

刀具按照编程的主轴速度和进给率钻孔,直至到达输入的最后的钻孔深度。到达最后钻孔深度时允许停顿时间,通过 DTB 参数定义停顿时间。

3)编程举例

使用 CYCLE82,程序在 XY 平面中的 X24、Y15 处加工一个深27 mm 的单孔。编程的停顿时间是 2 s,钻孔轴 Z 轴的安全间隙是 4 mm,如图 5.4.5 所示。程序见表5.4.4。

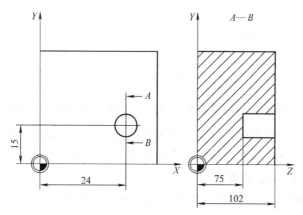

图 5.4.5　孔加工图

表 5.4.4　程序

N10 G0 G17 G90 F200 S300 M3	技术值的定义
N20 D1 T10 Z110	回到返回平面
N30 X24 Y15	回到钻孔位置
N40 CYCLE82(110,102,4,75,2)	具有最后钻孔深度绝对值和安全间隙的循环调用
N50 M30	程序结束

4. 深孔钻

1)指令格式

CYCLE83(RTP,RFP,SDIS,DP,DPR,FDEP,FDPR,DAM,DTB,DTS,FRF,VARI),指令参数如表 5.4.5 所示。

表 5.4.5　CYCLE83 指令参数表

RTP	Real	后退平面(绝对)
RFP	Real	参考平面(绝对)
SDIS	Real	安全间隙(无符号输入)
DP	Real	最后钻孔深度(绝对)
DPR	Real	相对于参考平面的最后钻孔深度(无符号输入)
FDFP	Real	起始钻孔深度(绝对值)
FDRP	Real	相当于参考平面的起始钻孔深度(无符号输入)
DAM	Real	递减量(无符号输入)
DTB	Real	最后钻孔深度时的停顿时间(断屑)
DTS	Real	起始点处和用于排屑的停顿时间
FRF	Real	起始钻孔深度的进给率系数(无符号输入) 值范围:0.001...1
VARI	Int	加工类型: 断屑＝0 排屑＝1

2)指令功能

刀具以编程的主轴速度和进给率开始钻孔,直至定义的最后钻孔深度。

深孔钻削是通过多次执行最大可定义的深度并逐步增加直至到达最后钻孔深度来实现的。钻头可以在每次进给深度完以后退回到参考平面＋安全间隙用于排屑,或者每次退回 1mm 用于断屑。

深孔钻削排屑时(VARI＝1),循环形成以下动作顺序。

(1)使用 G0 回到由安全间隙之前的参考平面。

(2)使用 G1 移动到起始钻孔深度,进给率来自程序调用中的进给率,它取决于参数 FRF(进给率系数)。

(3)在最后钻孔深度处的停顿时间(参数 DTB)。

(4)使用 G0 返回到由安全间隙之前的参考平面,用于排屑。

(5)起始点的停顿时间(参数 DTS)。

(6)使用 G0 回到上次到达的钻孔深度,并保持预留量距离。

(7)使用 G1 钻削到下一个钻孔深度(持续动作顺序直至到达最后钻孔深度)。

(8)使用 G0 返回到退回平面,如图 5.4.6 所示。

3)编程举例

如图 5.4.7 所示,程序见表 5.4.6。

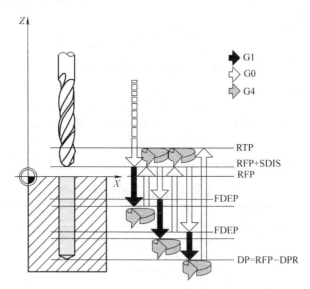

图 5.4.6　CYCCE83 指令动作示意图

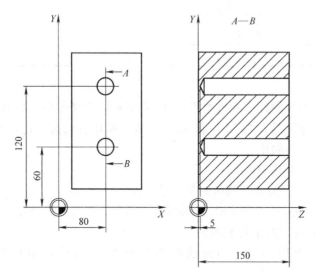

图 5.4.7　孔加工图

5. 铰孔 1(镗孔 1):CYCLE85

1)指令格式

CYCLE85(RTP,RFP,SDIS,DP,DPR,DTB,FFR,RFF),指令参数如表 5.4.7 所示。

表 5.4.6　程序

N10 G0 G17 G90 F50 S500 M4	技术值的定义
N20 D1 T12	接近返回平面
N30 Z155	
N40 X80 Y120	返回首次钻孔位置
N50 CYCLE83（155,150,1,5, 0,100,,20,0,0,1,0）	调用循环,深度参数的值为绝对值
N60 X80 Y60	回到下一次钻孔位置
N70 CYCLE83（155,150,1,, 145,,50,20,1,1,0.5,1）	调用含最后钻孔深度和首次钻孔深度定义的循环,安全间隙为 1 mm,进给率系数为 0.5
N80 M30	程序结束

表 5.4.7　CYCLE85 指令参数表

RTP	Real	后退平面（绝对）
RFP	Real	参考平面（绝对）
SDIS	Real	安全间隙（无符号输入）
DP	Real	最后钻孔深度（绝对值）
DPR	Real	相对于参考平面的最后钻孔深度（无符号输入）
DTB	Real	最后钻孔深度时的停顿时间（断屑）
FFR	Real	进给率
RFF	Real	退回进给率

2）指令功能

刀具按编程的主轴速度和进给率钻孔,直至到达定义的最后钻孔深度。向内向外移动的进给率分别是参数 FFR 和 RFF 的值。循环启动前到达位置:钻孔位置在所选平面的两个进给轴中。

循环形成以下动作顺序。

（1）使用 G0 回到安全间隙前的参考平面。

（2）使用 G1 并且按参数 FFR 所编程的进给率钻削至最终钻孔深度。

（3）最后钻孔深度时的停顿时间。

（4）使用 G1 返回到安全间隙前的参考平面,进给率是参数 RFF 中的编程值。

（5）使用 G0 退回到退回平面,见图 5.4.8。

3）编程举例

如图 5.4.9 所示,程序参见表 5.4.8。

6. 攻丝:CYCLE84

1）指令格式

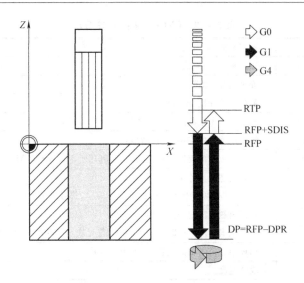

图 5.4.8　CYCCE85 指令动作示意图

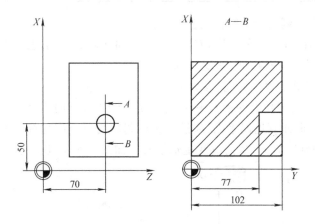

图 5.4.9　孔加工图

表 5.4.8　程序

N10 T11 D1	选择刀具
N20 G18 Z70 X50 Y105	接近钻孔位置
N30 CYCLE85(105,102,2,25,300,450)	循环调用;未编程停顿时间
N40 M30	程序结束

　　CYCLE84(RTP,RFP,SDIS,DP,DPR,DTB,SDAC,MPIT,PIT,POSS,SST,SST1),指令参数如表 5.4.9 所示。

　　2)指令功能

　　刀具以编程的主轴速度和进给率进行钻削,直至定义的最终螺纹深度。CYCLE84 可以用于刚性攻丝。循环形成以下动作顺序。

表 5.4.9　CYCLE84 指令参数表

RTP	Real	返回平面(绝对值)
RFP	Real	参考平面(绝对值)
SDIS	Real	安全间隙(无符号输入)
DP	Real	最后钻孔深度(绝对值)
DPR	Real	相对于参考平面的最后钻孔深度(无符号输入)
DTB	Real	螺纹深度时的停顿时间(断屑)
SDQC	Int	循环结束后的旋转方向值;3,4 或 5(用于 M3,M4 或 M5)
MPIT	Real	螺距由螺纹尺寸决定(有符号) 数值范围;3(用于 M3)…48(用于 M48);符号决定了在螺纹中的旋转方向
PIT	Real	螺距由数值决定(有符号) 数值范围;0.001…2 000.000 mm;符号决定了在螺纹中的旋转方向
POSS	Real	循环中定位主轴的位置(以度为单位)
SST	Real	攻丝速度
SST1	Real	退回速度

(1)使用 G0 回到安全间隙前的参考平面。

(2)定位主轴停止(值在参数 POSS 中)以及将主轴转换为进给轴模式。

(3)攻丝至最终钻孔深度,速度为 SST。

(4)螺纹深度处的停顿时间(参数 DTB)。

(5)退回到安全间隙前的参考平面,速度为 SST1 且方向相反。

(6)使用 G0 退回到退回平面;通过在循环调用前重新编程有效的主轴速度以及 SDAC 下编程的旋转方向,从而改变主轴模式。如图 5.4.10 所示。

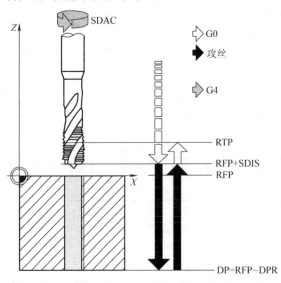

图 5.4.10　CYCCE84 指令动作示意图

3)编程举例

见图 5.4.11,程序参见表 5.4.10。

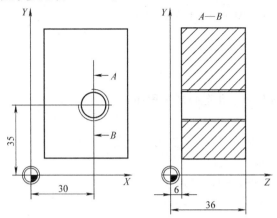

图 5.4.11 孔加工图

表 5.4.10

N10 G0 G90 T11 D1	技术值的定义
N20 G17 X30 Y35 Z40	接近钻孔位置
N30 CYCLE84(40,36,2,30,3,5, 90,200,500)	循环调用:已忽略 PIT 参数;未给绝对深度或停顿时间输入数值;主轴在 90 度位置停止;攻丝速度是 200,退回速度是 500
N40 M30	程序结束

四、任务执行

1. 根据图纸要求,确定工艺方案及加工路线

(1)以底面为定位基准,选用平口钳进行装夹,手动换刀。

(2)可选用直径为 10 mm 立铣刀铣削直径为 16 mm 的孔,再利用定心钻对 5 个直径为 8 mm 孔进行定心加工,再利用直径为 8 mm 的麻花钻加工通孔。

(3)切削参数采用主轴转速为 2 000 r/min,进给速度为 200 mm/min,刀具从毛坯中心下刀,采用顺铣铣孔。加工孔时选用主轴转速为 800 r/min,进给速度为 80 mm/min。

2. 编写加工程序

选定工件上表面对角线交点为工件坐标原点,并确定工件坐标系。

(1)铣削直径为 16 mm 的孔的加工程序:

G54

T1　D1　S2000　M3　F200　;选用直径为 10 mm 立铣刀

G0　X0　Y0　Z3

G1　Z－5

G42　G1　X8

G2　X8　Y0　I＝AC(0)　J＝AC(0)

G40　G1　X0

G0　Z100

M30

(2)利用定心钻对5个孔定心加工程序：

G54

T2　D1　S800　M3　F80　;选用定心钻

G0　X0　Y0　Z50

CYCLE81(100,－5,－2,－7)

G0　X17　Y10

CYCLE81(100,0,2,－2)

G0　X－17

CYCLE81(100,0,2,－2)

G0　Y－10

CYCLE81(100,0,2,－2)

G0　X17

CYCLE81(100,0,2,－2)

M30

(3)钻孔加工程序：

G54

T3　D1　S800　M3　F80

G0　X0　Y0　Z50

CYCLE83(100,－5,－3,－30,,－10,,2,1,0.8,0)

G0　X17　Y10

CYCLE83(100,0,2,－30,,－10,,2,1,0.8,0)

G0　X－17

CYCLE83(100,0,2,－30,,－10,,2,1,0.8,0)

G0　Y－10

CYCLE83(100,0,2,－30,,－10,,2,1,0.8,0)

G0　X17

CYCLE83(100,0,2,－30,,－10,,2,1,0.8,0)

M30

五、技能训练

毛坯为 60 mm×50 mm×20 mm 铝材，要求加工出如图 5.4.12 所示的零件。

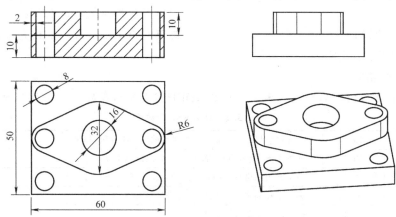

图 5.4.12 零件加工图

任务五 排孔及圆弧孔零件加工

一、任务要求

毛坯为 100 mm×60 mm×25 mm 铝材，要求加工出如图 5.5.1 所示的直径为 6.8 mm 通孔。

二、任务目标

(1)掌握排孔指令与圆弧孔指令的功能及在编程中的应用。

(2)掌握模态调用指令的功能。

三、任务指导

1. 模态调用子程序

在有 MCALL 指令的程序段中调用子程序，如果其后的程序段中含有轨迹运行，则子程序会自动调用。该调用一直有效，直到调用下一个程

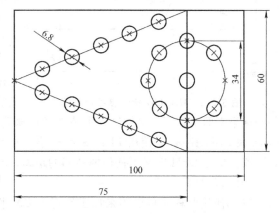

图 5.5.1 零件加工图

序段。用 MCALL 指令模态调用子程序的程序段以及模态调用结束指令均需要一个独立的程序段。比如可以使用 MCALL 指令来方便地加工各种排列形状的孔。

109

应用举例：行孔钻削

N10 MCALL CYCLE82(…)　　　；钻削循环 82

N20 HOLES1(…)　　　　　　　；行孔循环，在每次到达孔位置之后，使
　　　　　　　　　　　　　　　用传送参数执行 CYCLE82(…)循环

N30 MCALL　　　　　　　　　　；结束 CYCLE82(…)的模态调用

2. 排孔：HOLES1

1）指令格式

HOLES1(SPCA,SPCO,STA1,FDIS,DBH,NUM)，参数如表 5.5.1 所示。

表 5.5.1　HOLES1 参数表

SPCA	Real	直线（绝对值）上一参考点的平面的第一坐标轴（横坐标）
SPCO	Real	此参考点（绝对值）平面的第二坐标轴（纵坐标）
STA1	Real	与平面第一坐标轴（横坐标）的角度−180°<STA1≤180°
FDIS	Real	第一个孔到参考点的距离（无符号输入）
DBH	Real	孔间距（无符号输入）
NUM	Int	孔的数量

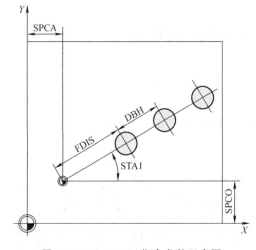

图 5.5.2　HOLES1 指令参数示意图

2）指令功能

此循环可以用来铣削一排孔，即沿直线分布的一些孔，或网格孔。孔的类型由已被调用的钻孔循环决定。

3）参数说明（如图 5.5.2）

（1）SPCA 和 SPCO（平面的第一坐标轴和第二坐标轴的参考点）：排孔形成的直线上的某一点定义成参考点，用于计算孔之间的距离。定义了从这一点到第一个孔的距离。

（2）STA1（角度）直线可以是平面中的任何位置。它是由 SPCA 和 SPCO 定义的点以及直线和循环调用时有效的工件坐标系平面中的第一坐标轴间形成的角度来确定的。角度值以度数输入 STA1 下。FDIS 和 DBH（距离）是使用 FDIS 来编程第一孔和由 SPCA 与 SPCO 定义的参考点间的距离。参数 DBH 定义了任何两孔间的距离。NUM（数量）参数用来定义孔的数量。

4）编程举例

排孔使用此程序可以用来加工平行于 ZX 平面中 Z 轴的 5 个螺纹孔并且孔间距是 20 mm 的排孔。排孔的起始点位于 Z20、X30 处，第一孔距离此点 10 mm。循环 HOLES1 中介绍了该排孔的几何分布。首先，使用 CYCLE82 进行钻孔，然后使用 CYCLE84（无补偿夹具攻丝）执行攻丝。孔深为 80 mm（参考平面和最后钻孔深度间的距离），见图 5.5.3，程序参见表 5.5.2。

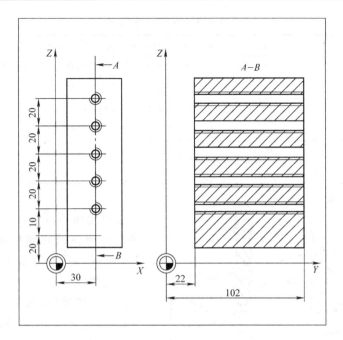

图 5.5.3 孔加工图

表 5.5.2 程序

N10 G90 F30 S500 M3 T10 D1	加工步骤的技术值的定义
N20 G17 G90 X20 Z105 Y30	回到起始位置
N30 MCALL CYCLE82(105,102,2,22,0,1)	钻孔循环的形式调用
N40 HOLES1(20,30,0,10,20,5)	调用排孔循环;循环从第一孔开始加工;此循环中只回到钻孔位置
N50 MCALL	取消形式调用
…	换刀
N60 G90 G0 X30 Z110 Y105	移到第5孔的下一个位置
N70 MCALL CYCLE84(105,102,2,22,0,,3,,4.2,,300,)	形式调用攻丝循环
N80 HOLES1(20,30,0,10,20,5)	从第5孔开始调用排孔循环
N90 MCALL	取消调用
N100 M30	程序结束

3. 圆周孔:HOLES2

1)指令格式

HOLES2(CPA,CPO,RAD,STA1,INDA,NUM),参数如表 5.5.3 所示。

表 5.5.3　HOSES2 参数表

CPA	Real	圆周孔的中心点(绝对值),平面的第一坐标轴
CPO	Real	圆周孔的中心点(绝对值),平面的第二坐标轴
RAD	Real	圆周孔的半径(无符号输入)
STA1	Real	起始角−180°<STA1≤180° 范围值:−180°<STA1≤180°
INDA	Real	增量角
NUM	Int	孔的数量

2)指令功能

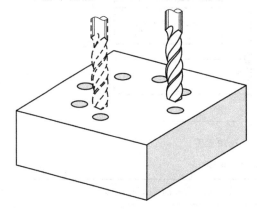

图 5.5.4　HOLES2 指令功能示意图

使用此循环可以加工圆周孔。加工平面必须在循环调用前定义,如图 5.5.4 所示。孔的类型由已经调用的钻孔循环决定。

3)参数说明(如图 5.5.5)

(1)加工平面中的圆周孔位置是由中心点(参数 CPA 和 CPO)和半径(参数 RAD)决定的。半径的值只允许为正。

(2)STA1 和 INDA(起始角和增量角)这些参数定义孔的分布。参数 STA1 定义了循环调用前有效的工件坐标系中第一坐标轴的正方向(横坐标)与第一孔之间的旋转角。参数 INDA 定义了从一个孔到下一个孔的旋转角。如果参数 INDA 的值为零,循环则会根据孔的数量内部算出所需的角度。

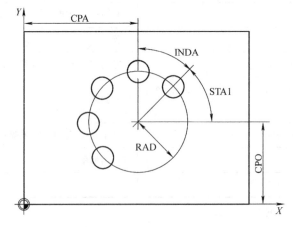

图 5.5.5　HOLES2 指令参数示意图

（3）NUM（数量）参数定义了孔的数量。

4）编程举例

该程序使用 CYCLE82 来加工 4 个孔，孔深为 30 mm。最后钻孔深度定义成参考平面的相对值。圆周由平面中的中心点 $X70$、$Y60$ 和半径 42 mm 决定。起始角是33 度。钻孔轴 Z 的安全间隙是 2 mm，见图 5.5.6，程序参见表 5.5.4。

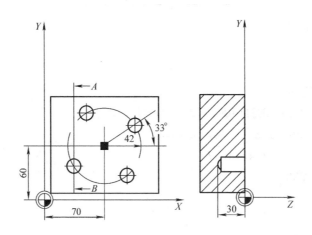

图 5.5.6　孔加工图

表 5.5.4　程序

N10 G90 F140 S170 M3 T10 D1	技术值的定义
N20 G17 G0 X50 Y45 Z2	回到起始位置
N30 MCALL CYCLE82(2,0,2,,30,0)	钻孔循环的形式调用，无停顿时间，未编程 DP
N40 HOLES2(70,60,42,33,0,4)	调用圆周孔循环；由于省略了参数 INDA，增量角在循环中自动计算
N50 MCALL	取消形式调用
N60 M30	程序结束

四、任务执行

1. 根据图纸要求，确定工艺方案及加工路线

（1）以底面为定位基准，选用平口钳进行装夹。

（2）可选用定心钻、直径为 6.8 mm 麻花钻。

（3）切削参数采用主轴转速为 800 r/min，进给速度为 100 mm/min。

2. 编写加工程序

（1）确定工件坐标系。

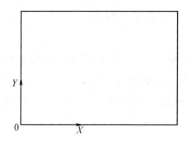

（2）加工程序：

G54

M3　S800

T1　D1;定心钻

MYCALL　CYCLE81(100,0,2,−2)

HOLES1(0,30,21.8,13.46,13.46,5)

HOLES2(75,30,17,45,45,7)

G1　X75　Y30

MYCALL

T2　D1;麻花钻

MYCALL　CYCLE81(100,0,2,−2)

HOLES1(0,30,21.8,13.46,13.46,5)

HOLES2(75,30,17,45,45,7)

G1　X75　Y30

MYCALL

G0　X0　Y0　Z100

M30

五、技能训练

毛坯为 100 mm×60 mm×25 mm 铝材,要求加工出如图 5.5.7 所示的通孔。

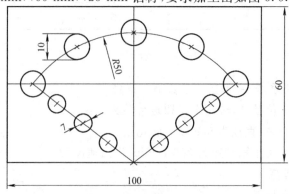

图 5.5.7　零件加工图

任务六 圆弧、圆周槽类零件加工

一、任务要求

毛坯为 100 mm×60 mm×25 mm 铝材,要求加工出如图 5.6.1 所示的键槽,槽深为 5 mm。

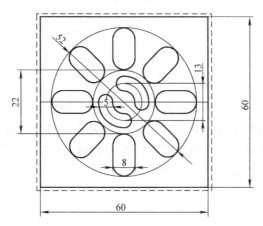

图 5.6.1 零件加工图

二、任务目标

(1)掌握键槽的加工工艺。

(2)掌握圆弧槽、圆周槽指令的功能及应用。

三、任务指导

1. 圆弧槽:LONGHOLE

1)指令格式

LONGHOLE(RTP,RFP,SDIS,DP,DPR,NUM,LENG,CPA,CPO,RAD,STA1,INDA,FFD,FFP1,MID),参数如表 5.6.1 所示。

表 5.6.1 LONGHOLE 参数表

RTP	Real	退回平面(绝对值)
RFP	Real	参考平面(绝对值)
SDIS	Real	安全间隙(无符号输入)
DP	Real	槽深(绝对值)
DPR	Real	相对于参考平面的槽深(无符号输入)
NUM	Integer	槽的数量

LENG	real	槽长（无符号输入）
CPA	real	圆弧圆心（绝对值），平面的第一轴
CPO	real	圆弧圆心（绝对值），平面的第二轴
RAD	real	圆弧半径（无符号输入）
STA1	real	起始角度
INDA	real	增量角度
FFD	real	深度切削进给率
FFP1	real	表面加工进给率
MID	real	每次进给时的进给深度（无符号输入）

2）指令功能

使用此循环可以加工按圆弧排列的槽。槽的纵向轴按轴向调准。和凹槽相比，该槽的宽度由刀具直径确定。在循环内部，会计算出最优化的刀具的进给路径，排除不必要的停顿。如果加工一个槽需要几次深度切削，则在终点交替进行切削。沿槽的纵向轴的进给路径在每次切削后改变它的方向。进行下一个槽的切削时，循环会搜索最短的路径。

3）参数说明（如图 5.6.2）

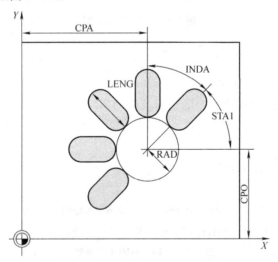

图 5.6.2 LONGHOLE 指令参数示意图

（1）DP 和 DPR（槽深）：槽深可以定义成相对于参考平面的绝对值（DP）和相对值（DPR），相对值定义时，循环将使用参考平面和返回平面的位置自动计算出深度。

（2）NUM（数量）：此参数用于定义槽的数量。

（3）LENG（槽长）：此参数可以定义槽的长度，如果循环发现槽的长度小于铣刀的直径，则循环终止并产生报警 61105"铣刀半径太大"。

（4）MID（切削深度）：此参数可以定义最大的切削深度，循环以相同的切削步骤和切削深度；使用 MID 和总深度，循环自动计算出位于一半的最大切削深度和最大切削深度间的一个切削值；按照最小可能的切削数量为基础，MID＝0 表示一次切削完成槽深切削；深度切削从安全间隙前的参考平面开始（根据_ZSD[1]）。

（5）FFD 和 FFP1（深度进给率和表面进给率）：FFP1 适用于平面中粗加工时的所有动作；FFD 用于垂直于此平面的切削。

（6）CPA、CPO 和 RAD（圆心和半径）：加工平面中槽的位置由圆心（CPA，CPO）和半径（RAD）决定，半径值只允许为正。

（7）STA1 和 INDA（起始角和增量角）：这些参数定义圆弧槽的分布，如果 INDA＝0，则根据槽的数量计算增量角，以便使槽在圆弧上平均分布。

4）编程举例

利用此程序可以加工 4 个长为 30 mm 的槽，相对深度为 23 mm（槽底到参考平面的距离），这些槽分布在圆心点为 Z45、Y40，半径为 20 mm 的 YZ 平面的圆上。起始角是 45 度，相邻角为 90 度。最大切削深度为 6 mm，安全间隙为 1 mm，如图 5.6.3 所示，程序参见表 5.6.2。

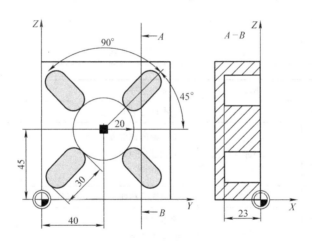

图 5.6.3　零件加工图

表 5.6.2　程序

N10 G19 G90 D9 T10 S600 M3	技术值定义
N20 G0 Y50 Z25 X5	移动到起始位置
N30 LONGHILE（5,0,1,,23,4,30,40,45,20,45, 90,100,320,6）	循环调用
N40 M02	循环结束

2. 圆弧槽：SLOT1

1）指令格式

117

SLOT1(RTP，RFP，SDIS，DP，DPR，NUM，LENG，WID，CPA，CPO，RAD，STA1，INDA，FFD，FFP1，MID，CDIR，FAL，VARI，MIDF，FFP2，SSF)，参数如表5.6.3所示。

表 5.6.3　SLOT1 参数表

RTP	Real	返回平面(绝对值)
RFP	Real	参考平面(绝对值)
SDIS	Real	安全间隙(无符号输入)
DP	Real	槽深(绝对值)
DPR	Real	相当于参考平面的槽深(无符号输入)
NUM	Integer	槽的数量
LENG	Real	槽长(无符号输入)
WID	Real	槽宽(无符号输入)
CPA	Real	圆弧中心点(绝对值)，平面的第一轴
CPO	Real	圆弧中心点(绝对值)，平面的第二轴
RAD	Real	圆弧半径(无符号输入)
STA1	Real	起始角
INDA	Real	增量角
FFD	Real	深度进给进给率
FFP1	Real	端面加工进给率
MID	Real	一次进给最大深度(无符号输入)
CDIR	Integer	加工槽的铣削方向 值:2(用于 G2) 　　3(用于 G3)
FAL	Real	槽边缘的精加工余量(无符号输入)
VARI	Integer	加工类型 值:0=完整加工 　　1=粗加工 　　2=精加工
MIDF	Real	精加工时的最大进给深度
FFP2	Real	精加工进给率
SSF	Real	精加工速度

2)指令功能

圆弧槽—SLOT1 循环是一个综合的粗加工和精加工循环。使用此循环可以加工环形排列槽。槽的纵向轴按放射状排列。和加长孔不同，定义了槽宽的值。

3)参数说明(见图 5.6.4)

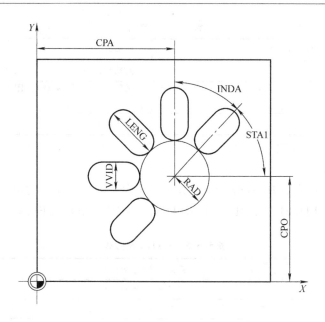

图 5.6.4　SLOT1 指令参数示意图

(1)DP 和 DPR(槽深):槽深可以定义为参考平面的绝对值(DP)或相对值(DPR)。如果定义的是相对值,循环会使用参考平面和返回平面的位置自动算出余下的深度。

(2)NUM(数量):此参数用于定义槽的数量。

(3)LENG 和 WID(槽长和槽宽):使用参数 LENG 和 WID 定义平面中的槽的形状。铣刀直径必须小于槽宽。否则,会产生报警 61105"刀具半径太大"且循环终止。铣刀直径不能小于槽宽的一半。系统不检测此项。

(4)CPA、CPO 和 RAD(中心点和半径):圆形孔在加工平面中的位置是通过中心点(CPA、CPO)和半径(RAD)来决定的。半径只允许是正值。

(5)STA1 和 INDA(起始角和增量角):这些参数定义了槽在圆周上的分布。STA1 定义了在循环调用前有效工件坐标系中第一轴(横坐标)的正方向与第一槽间的角度。参数 INDA 定义了槽和槽之间的角度。如果 INDA=0,增量角可以通过槽的数量得出,因为它们平均分布在圆弧上。

(6)FFD 和 FFP1(深度和端面的进给率):进给率 FFD 用于所有垂直于加工平面的进给动作。进给率 FFP1 用于平面中所有在粗加工时使用此进给率的动作。

4)编程举例

编程加工 4 个槽。这些槽具有以下尺寸:长 30 mm,宽 15 mm,深 23 mm;安全间隙是 1 mm,精加工余量是 0.5 mm,铣削方向是 G2,最大进给深度是 6 mm。完整加工这些槽,并在进行精加工时,进给至槽深,使用相同的进给率和速度,程序参见表5.6.4。

表 5.6.4　程序

N10 G17 G90 T1 D1 S600 M3	技术值的定义
N20 G0 X20 Y50 Z5	回到起始位置
N30 SLOT1(5,0,1,−23,,4,30,15,40,45,20,45,90,100,320,6,2,0.5,0,,0,)	循环调用,参数 VARI、MIDF、FFP2 和 SSF 省略
N60 M30	程序结束

3. 圆周槽:SLOT2

1)指令格式

SLOT2(RTP,RFP,SDIS,DP,DPR,NUM,AFSL,WID,CPA,CPO,RAD,STA1,INDA,FFD,FFP1,MID,CDIR,FAL,VARI,MIDF,FFP2,SSF),参数如表5.6.5 所示。

表 5.6.5　SLOT2 参数表

RTP	Real	返回平面(绝对值)
RFP	Real	参考平面(绝对值)
SDIS	Real	安全间隙(无符号输入)
DP	Real	槽深(绝对值)
DPR	Real	相当于参考平面的槽深(无符号输入)
NUM	Integer	槽的数量
AFSL	Real	槽长的角度(无符号输入)
WID	Real	圆周槽宽(无符号输入)
CPA	Real	圆中心点(绝对值),平面的第一轴
CPO	Real	圆中心点(绝对值),平面的第二轴
RAD	Real	圆半径(无符号输入)
STA1	Real	起始角
INDA	Real	增量角
FFD	Real	深度进给进给率
FFP1	Real	端面加工进给率
MID	Real	最大进给深度(无符号输入)
CDIR	Integer	加工圆周槽的铣削方向 值:2(用于 G2) 　　3(用于 G3)
FAL	Real	槽边缘的精加工余量(无符号输入)
VARI	Integer	加工类型 值:0=完整加工 　　1=粗加工 　　2=精加工
MIDF	Real	精加工时的最大进给深度
FFP2	Real	精加工进给率
SSF	Real	精加工速度

2)指令功能

SLOT2 循环是一个综合的粗加工和精加工循环。使用此循环可以加工分布在圆上的圆周槽。

3)参数说明(见图 5.6.5)

(1)NUM(数量):使用参数 NUM 可以定义槽的数量。

(2)使用参数 AFSL 和 WID(角度和圆周槽宽度)可以定义平面中槽的形状。循环会检查槽宽是否会与有效刀具发生碰撞。如果会发生碰撞,则产生报警 61105"铣刀半径太大"且循环终止。

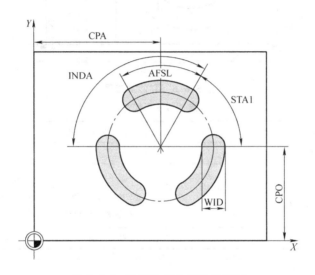

图 5.6.5　SCOT2 指令参数示意图

(3)CPA、CPO 和 RAD(中心点和半径):加工平面中圆周孔圆的位置是由中心点(CPA,CPO)和半径(RAD)来定义的。半径值只允许为正。

(4)STA1 和 INDA(起始角和增量角):圆周槽的分布是通过这些参数来定义的。STA1 定义了在循环调用前有效工件坐标系中第一轴(横坐标)的正方向与第一圆周槽间的角度。参数 INDA 定义了槽和槽之间的角度。如果 INDA=0,增量角可以通过槽的数量来得出,因为它们是平均分布在圆弧上的。

4)编程举例

编写程序加工分布在圆周上的 3 个圆周槽,该圆周在 XY 平面中的中心点是 X60、Y60,半径是 42 mm。圆周槽具有的尺寸:宽 15 mm,槽长角度为 70 度,深 23 mm;起始角 0 度,增量角是 120 度;精加工余量是 0.5 mm,进给轴 Z 的安全间隙是 2 mm,最大深度进给为 6 mm。完整加工这些槽。精加工时的速度和进给率相同。执行精加工时的进给至槽深,如图 5.6.6,程序参见表 5.6.6。

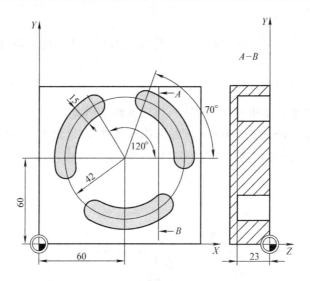

图 5.6.6　零件加工图

表 5.6.6　程序

N10 G17 G90 T1 D1 S600 M3	技术值的定义
N20 G0 X60 Y60 Z5	回到起始位置
N30 SLOT2(2,0,2,-23,,3,70,15,60,65,42,,120,100,300,6,2,0.5,0,,0,)	循环调用　参考平面＋SDIS＝返回平面含义：使用 G0 进给进给轴回到参考平面＋SDIS 不再适用,参数 VARI、MIDF、FFP2 和 SSF 省略
N60 M30	程序结束

四、任务执行

1. 根据图纸要求,确定工艺方案及加工路线

(1)以底面为定位基准,选用平口钳进行装夹。

(2)可选用直径为 4 mm、8 mm 键槽刀。

(3)切削参数采用主轴转速为 2 000 r/min,进给速度为 200 mm/min。

2. 编写加工程序

确定工件坐标系,坐标原点为工件中心。

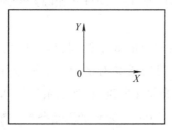

加工程序:

G54

T1　D1　　　　　　　　　　;直径为 8 mm 键槽刀

GO　X0　Y0　Z100

LONGHOLE(50,0,2,-5,0,8,15,0,0,11,0,45,100,300,2)

G0　X0　Y0　Z100

T2　D1　　　　　　　　　　;直径为 5 mm 键槽刀

SLOT2(50,0,2,-5,0,2,90,5,0,0,6.5,0,180,100,250,2,3,0.2,0,2,100,200)

G0　X0　Y0　Z100

M30

五、技能训练

毛坯为 100 mm×60 mm×25 mm 铝材,要求加工出如图 5.6.7 所示的零件。

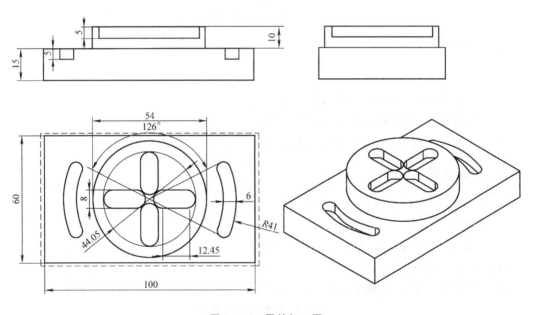

图 5.6.7　零件加工图

任务七　矩形、圆形槽类、凸台类零件加工

一、任务要求

毛坯为 100 mm×60 mm×25 mm 铝材,要求加工出如图 5.7.1 所示的零件。

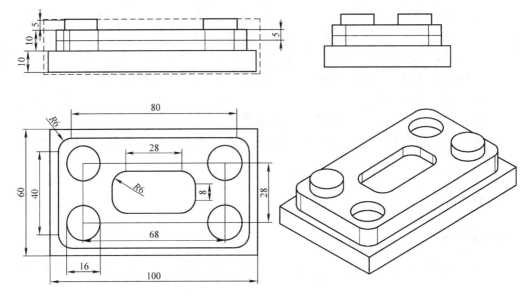

图 5.7.1　零件加工图

二、任务目标

(1)掌握矩形、圆形槽类零件加工工艺。

(2)掌握矩形、圆形凸台类零件加工工艺。

(3)矩形槽、圆形槽指令的功能及在编程中的应用。

(4)矩形凸台、圆形凸台指令的功能及在编程中的应用。

三、任务指导

1. 矩形槽:POCKET3

1)指令格式

POCKET3(_RTP,_RFP,_SDIS,_DP,_LENG,_WID,_CRAD,_PA,_PO,_STA,_MID,FAL,FALD,_FFP1,_FFD,_CDIR,_VARI,_MIDA,_AP1,_AP2,_AD,_RAD1,_DP1),参数如表 5.7.1 所示。

表 5.7.1　POCKET3 参数表

_RTP	Real	返回平面(绝对值)
_RFP	Real	参考平面(绝对值)
_SDIS	Real	安全间隙(无符号输入)
_DP	Real	槽深(绝对值)
_LENG	Real	槽长,带符号从拐角测量
_WID	Real	槽宽,带符号从拐角测量

续表

_CRAD	Real	槽拐角半径(无符号输入)
_PA	Real	槽参考点(绝对值),平面的第一轴
_PO	Real	槽参考点(绝对值),平面的第二轴
_STA	Real	槽纵向轴和平面第一轴间的角度(无符号输入) 范围值:0°≤_STA<180°
_MID	Real	最大进给深度(无符号输入)
_FAL	Real	槽边缘的精加工余量(无符号输入)
_FALD	Real	槽底的精加工余量(无符号输入)
_FFP1	Real	端面加工进给率
_FFD	Real	深度进给进给率

_CDIR	Integer	铣削方向(无符号输入)
		值:0 顺铣(主轴方向)
		  1 逆铣
		  2 用于 G2(独立于主轴方向)
		  3 用于 G3

_VARI	Integer	加工类型
		UNITS DIGIT
		值:1 粗加工
		  2 精加工
		TENS DIGIT
		值:0 使用 G0 垂直于槽中心
		  1 使用 G1 垂直于槽中心
		  2 沿螺旋状
		  3 沿槽纵向轴摆动

_MIDA	Real	在平面的连续加工中作为数值的最大进给宽度
_AP1	Real	槽长的空白尺寸
_AP2	Real	槽宽的空白尺寸
_AD	Real	距离参考平面的空白槽深尺寸
_RAD1	Real	插入时螺旋路径的半径(相当于刀具中心点路径)或者摆动时的最大插入角
_DP1	Real	沿螺旋路径插入时每转(360°)的插入深度

2)指令功能

此循环可以用于粗加工和精加工。精加工时,要求使用带端面齿的铣刀。深度进给始终从槽中心点开始并在垂直方向上执行,这样才能在此位置完成预铣削。

(1)铣削方向可以通过 G 命令(G2/G3)来定义,或者顺铣或逆铣方向由主轴方向决定。

(2)对于连续加工,可以编程在平面中的最大进给宽度。

(3)精加工余量始终用于槽底。

(4)有三种不同的插入方式:垂直于槽的中心、沿围绕槽中心的螺旋路径、在槽中心轴上摆动。

(5)平面中用于精加工的更短路径。

(6)考虑平面中的空白轮廓和槽底的空白尺寸(允许最佳的槽加工)。

3)参数说明(如图 5.7.2)

(1)LENG、WID 和_CRAD(槽长,槽宽和拐角半径):使用参数_LENG、_WID 和_CRAD 可以定义平面中槽的形状。槽的测量始终从中心开始。如果由于半径太大而使用有效的刀具不能进给编程的拐角半径,则使待加工槽的拐角半径和刀具半径一致。如果铣刀半径大于槽长或槽宽的一半,循环将被终止并产生报警 61105"刀具半径太大"。

(2)_PA、_PO(参考点):使用参数_PA 和_PO 定义平面轴中槽的参考点。这是槽的中心点。

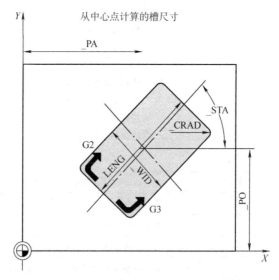

图 5.7.2　POCKET3 指令参数示意图

(3)_STA(角度):_STA 定义了平面中第一轴(横坐标)和槽的纵向轴间的角度。

(4)_MID(进给深度):此参数用来定义粗加工时的最大进给深度。深度进给由循环按相同大小的进给步来执行。使用_MID和整个深度,循环自动计算出进给量。使用最小可能的进给数做基础。_MID=0表示一次切削至槽深。

(5)_FAL(槽边缘的精加工余量):此精加工余量只影响平面中槽边缘的加工。如果精加工余量大于等于刀具直径,则不能保证槽完整连续的加工,并出现信息"警告"精加工余量大于等于刀具直径",但循环仍然继续。

(6)_FALD(槽底的精加工余量):粗加工时,在槽底需考虑单独的精加工余量。

(7)_FFD和_FFP1(深度和端面进给率):进给率_FFD在进入工件中时有效。进给率FFP1对于平面中所有的动作都有效,粗加工时使用此进给率。

(8)_CDIR(铣削方向):使用此参数定义槽的加工方向。可以直接使用"2用于G2"和"3用于G3"编程。

(9)_VARI(加工类型):此参数用来定义加工类型。可能的值如下。

个位数值表示:

1=粗加工

2=精加工

十位数值表示:

0=使用G0垂直于槽中心

1=使用G1垂直于槽中心

2=沿螺旋路径

3=槽长轴摆动

如果参数_VARI编程了其他值,将输出报警61002"加工类型定义不正确"且循环终止。

(10)_MIDA(最大进给宽度):此参数可以用来定义在平面中连续加工时的最大进给宽度。类似于已知的计算进给深度的方法(使用最大可能的值平均划分总深度),使用_MIDA下编程的最大值平均划分宽度。如果此参数未编程或编程值为零,循环内部将使用铣刀直径的80%作为最大进给深度。

4)编程举例

编写程序加工一个在XY平面中的矩形槽,深度为60 mm,宽40 mm,拐角半径是8 mm且深度为17.5 mm。该槽和X轴的角度为零。槽边缘的精加工余量是0.75 mm,槽底的精加工余量为0.2 mm,添加于参考平面的Z轴的安全间隙为0.5 mm。槽中心点位于X60、Y40,最大进给深度4 mm。加工方向取决于在顺铣过程中的主轴的旋转方向,使用半径为5 mm的铣刀,只进行一次粗加工,如图5.7.3所示,程序参见表5.7.2。

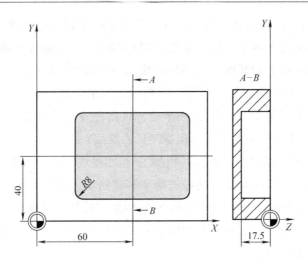

图 5.7.3　零件加工图

表 5.7.2　程序

N10 G90 T1 D1 S600 M4	技术值的定义
N20 G17 G0 X60 Y40 Z5	回到起始位置
N30 POCKET3(5,0,0.5,−17.5,60,40,8,60,40,0, 4,0.75,0.2,1 000,750,0,11,5,,,,)	循环调用
N40 M30	程序结束

2.圆形槽:POCKET4

1)指令格式

POCKET4(_RTP,_RFP,_SDIS,_DP,_PRAD,_PA,_PO,_MID,_FAL,_FALD,_FFP1,_FFD,_CDIR,_VARI,_MIDA,_AP1,_AD,_RAD1,_DP1),参数如表 5.7.3 所示。

表 5.7.3　POCKET4 参数表

_RTP	Real	返回平面(绝对值)
_RFP	Real	参考平面(绝对值)
_SDIS	Real	安全间隙(添加到参考平面;无符号输入)
_DP	Real	槽深(绝对值)
_PRAD	Real	槽半径
_PA	Real	槽中心点(绝对值),平面的第一轴
_PO	Real	槽中心点(绝对值),平面的第二轴
_MID	Real	最大进给深度(无符号输入)
_FAL	Real	槽边缘的精加工余量(无符号输入)
_FALD	Real	槽底的精加工余量(无符号输入)

128

_FFP1	Real	端面加工进给率
_FFD	Real	深度进给进给率
_CDIR	Integer	铣削方向(无符号输入) 值:0 顺铣(主轴方向) 　　1 逆铣 　　2 用于 G2(独立于主轴方向) 　　3 用于 G3
_VARI	Integer	加工类型 UNITS DIGIT 值:1 粗加工 　　2 精加工 TENS DIGIT 值:0 使用 G0 垂直于槽中心 　　1 使用 G1 垂直于槽中心 　　2 沿螺旋状
_MIDA	Real	在平面的连续加工中作为数值的最大进给宽度
_AP1	Real	槽半径的空白尺寸
_AD	Real	距离参考平面的空白槽深尺寸
_RAD1	Real	插入时螺旋路径的半径(相当于刀具中心点路径)
_DP1	Real	沿螺旋路径插入时每转(360°)的插入深度

2)指令功能

此循环用于加工在平面中的圆形槽。精加工时,需使用带端面齿的铣刀。深度进给始终从槽中心点开始并垂直执行;这样可以在此位置适当地进行预钻削。

(1)铣削方向可以通过 G 命令(G2/G3)来定义,或者顺铣或逆铣方向由主轴方向决定。

(2)对于连续加工,可以编程在平面中的最大进给宽度。

(3)精加工余量也用于槽底。

(4)有两种不同的插入方式:垂直于槽的中心、沿围绕槽中心的螺旋路径。

(5)平面中用于精加工的更短路径。

(6)考虑平面中的空白轮廓和槽底的空白尺寸(允许最佳的槽加工)。

(7)边缘加工时重新计算_MIDA。

3)参数说明(如图 5.7.4)

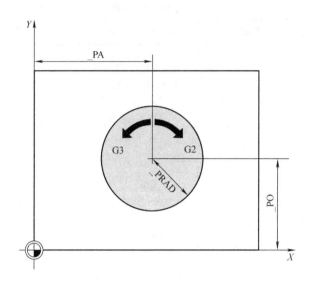

图 5.7.4 POCKET4 指令参数示意图

(1)_PRAD(槽半径):圆形槽的形状只是由半径决定的。如果此半径小于有效刀具的刀具半径,循环将终止并且产生报警 61105"刀具半径太大"。

(2)_PA、_PO(槽中心点):这些参数用来定义槽的中心点。圆形槽始终经过中心点测量。

(3)_VARI(加工类型):此参数用于定义加工类型。可能的值如下。

个位数值表示:

1=粗加工

2=精加工

十位数值表示:

0=使用 G0 垂直于槽中心

1=使用 G1 垂直于槽中心

2=沿螺旋路径

如果参数_VARI 编程了其他值,将输出报警 61002"加工类型定义不正确"且循环终止。

4)编程举例

编写程序在 YZ 平面中加工一个圆形槽。中心点为 Y50、Z50。深度的进给轴是 X 轴。未定义精加工余量和安全间隙。采用通常的铣削方式(逆铣)加工槽。沿螺旋路径进行进给。使用半径为 10 mm 的铣刀,如图 5.7.5 所示,程序参见表 5.7.4。

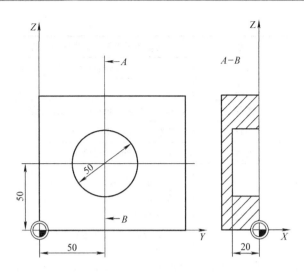

图 5.7.5 零件加工图

表 5.7.4 程序

N10 G17 G90 G0 S650 M3 T1 D1	技术值的定义
N20 X50 Y50	回到起始位置
N30 POCKET4(3,0,0,−20,25,50,60,6,0,0,200, 100,1,21,0,0,0,2,3)	循环调用 省略参数_FAL、_FALD
N40 M30	程序结束

3. 矩形凸台铣削:CYCLE76

1)指令格式

CYCLE76（_RTP，_RFP，_SDIS，_DP，_DPR，_LENG，_WID，_CRAD，_PA，_PO，_STA,，_MID，_FAL，_FALD，_FFP1，_FFD，_CDIR，_VARI，_AP1，_AP2),参数如表 5.7.5 所示。

表 5.7.5 CYCLE76 参数表

_RTP	实数	退刀平面(绝对值)
_RFP	实数	退刀平面(绝对值)
_SDIS	实数	安全间隙(输入无符号)
_DP	实数	最终钻孔深度(绝对值)
_DPR	实数	与参考平面相关的钻孔深度(输入无符号)
_LENG	实数	凸台长度(输入无符号)
_WID	实数	凸台宽度(输入无符号)
_CARD	实数	凸台边角半径(输入无符号)
_PA	实数	凸台的参考点,横坐标(绝对值)
_PO	实数	凸台的参考点,纵坐标(绝对值)

_STA	实数	纵向轴和平面第一轴之间的夹角
_MID	实数	最大进给深度(增量值的,输入无符号)
_FAL	实数	空白轮廓处的最终加工许可量(增量的)
_FALD	实数	基部的精加工余量(增量值的,输入无符号)
_FFP1	实数	轮廓处的进给率
_FFD	实数	深度方向进给的进给率
_CDIR	整数	铣削方向(输入无符号) 值:0 顺铣 　　1 逆铣 　　2 带 G2(独立于主轴方向) 　　3 带 G3
_VARI	整数	技术 值:1 粗加工至最终加工余量 　　2 精加工(余量 $X/Y/Z=0$)
_AP1	实数	空白凸台的长度

2)指令功能

使用该循环加工平面上的矩形凸台。对于精加工,需要一个端铣刀。深度方向的进给在靠近轮廓半圆的逆向位置处进行。

3)参数说明(如图 5.7.6)

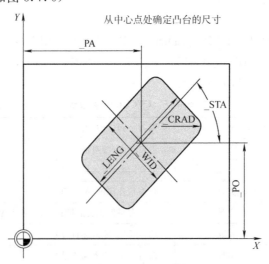

图 5.7.6　CYCLE76 指令参数示意图

(1)_LENG、_WID 和 _CRAD(凸台长度、凸台宽度和边角半径):使用参数_LENG、_WID 和 _CRAD 定义平面上凸台的形式。凸台一般都是从中心位置定尺寸。长度(_LENG)总是参考横坐标(平面角 0°)。使用参数_PA 和_PO(参考点)定义沿横纵坐标方向的凸台参考点。这是凸台中心点。

(2)_STA(角):使用该参数确定平面的(横坐标)第 1 根轴与凸台纵轴之间的夹角。

(3)_CDIR(铣削方向):使用该参数确定凸台的加工方向。使用参数_CDIR(铣削方向)直接用"2 对应 G2"、"3 对应 G3"进行编程。

(4)_VARI(加工种类):使用参数_VARI 定义加工种类。可能的值为:

1＝粗加工

2＝精加工

(5)_AP1、AP2(毛坯尺寸):当加工凸台时,可以考虑毛坯尺寸(例如加工预制零件)。毛坯尺寸的长度和宽度(_AP1 和_AP2)的编程是无符号的,计算后通过围绕凹槽中心点的循环对移地设置。

4)编程举例

使用该程序加工一个 XY 平面内的凸台:长 60 mm,宽 40 mm,边角半径15 mm,深度 15 mm。该凸台具有一个相对于 X 轴10 度的角,80 mm 长度的加工余量,以及50 mm 宽度的加工余量,如图 5.7.7 所示,程序参见表 5.7.6。

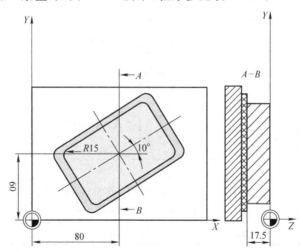

图 5.7.7　零件加工图

表 5.7.6　程序

N10 G90 G0 G17 X100 Y100 T20 D1 S3000 M3	技术值的具体描述
N11 M6	
N30 CYCLE76(10,0,2,−17.5,,−60,−40,15,80,60,10,11,,,900,800,0,1,80,50)	循环调用
N40 M30	程序结束

4. 圆形凸台铣削：CYCLE77

1)指令格式

CYCLE77 (_RTP，_RFP，_SDIS，_DP，_DPR，_PRAD，_PA，_PO，_MID，_FAL，_FALD，_FFP1，_FFD，_CDIR，_VARI，_AP1)，参数如表 5.7.7 所示。

表 5.7.7 CYCLE77 参数表

_RTP	实数	退刀面(绝对值)
_RFP	实数	参考面(绝对值)
_SDIS	实数	安全空隙(输入无符号)
_DP	实数	深度(绝对值)
_DPR	实数	与参考面相关的深度(输入无符号)
_PRAD	实数	凸台直径(输入无符号)
_PA	实数	凸台的中心点,横坐标(绝对值)
_PO	实数	凸台的中心点,纵坐标(绝对值)
_MID	实数	最大深度方向的进给(增量的,输入无符号)
_FAL	实数	轮廓边缘处的最终加工余量(增量的)
_FALD	实数	基部的精加工余量(增量的,输入无符号)
_FFP1	实数	轮廓处的进给率
_FFD	实数	深度方向进给的进给率(空间的进给)
_CDIR	整数	铣削方向(输入无符号) 值:0 顺铣 　　1 逆铣 　　2 带 G2(独立于主轴方向) 　　3 带 G3
_VARI	整数	技术 值:1 粗加工至最终加工余量处 　　2 精加工(余量 $X/Y/Z=0$)
_AP1	实数	未加工的凸台的长度

2)指令功能

使用该循环加工平面中的圆形凸台。

3)参数说明(如图 5.7.8)

(1)_PRAD(凸台直径):输入无符号的。

(2)_PA、_PO(凸台中心):使用参数_PA 和_PO 定义凸台的参考点。

(3)_CDIR 定义(铣削方向):使用该参数确定凸台的加工方向。可直接用"2 对应 G2"、"3 对应 G3"进行编程。

(4)_VARI(加工类型):使用参数_VARI 定义加工类型。可能值为：

1＝粗加工

2＝精加工

(5)_AP1(未加工凸台的直径)：使用该参数定义凸台的未加工尺寸(无符号)。内部计算的半圆形的接近路径由该尺寸确定。

4)编程举例

在毛坯件上加工一个直径为 55 mm,每次切削的最大进给深度为 10 mm 的凸台。整个加工以反向旋转方式进行。

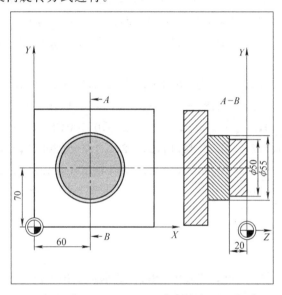

图 5.7.8 零件加工图

四、任务执行

1. 根据图纸要求,确定工艺方案及加工路线

(1)以底面为定位基准,选用平口钳进行装夹。

(2)可选用直径为 10 mm 的立铣刀。

(3)切削参数采用主轴转速为 2 000 r/min,进给速度为 200 mm/min。

2. 编写加工程序

确定工件坐标系,坐标原点为工件中心。

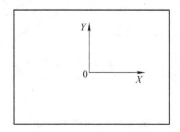

加工程序：

G54

T1　D1　　　　;直径为 10 mm 立铣刀

G0　X0　Y0　Z100

CYCLE76(50,0,2,−15,0,92,52,6,0,0,0,2,0.2,0.1,100,100,0,1,,)

CYCLE76(50,0,2,−15,0,92,52,6,0,0,0,2,0,0,100,100,0,2,,)

CYCLE77(50,0,2,−5,0,16,−34,14,2,0.2,0.1,200,100,0,1,,)

CYCLE77(50,0,2,−5,0,16,−34,14,2,0,0,200,100,0,2,,)

POCKET3(50,0,2,−10,40,20,6,0,0,0,2,0.2,0.1,200,100,0,21,8,,,,,0.5)

POCKET3(50,0,2,−10,40,20,6,0,0,0,2,0,0,200,100,0,22,8,,,,,0.5)

POCKET4(50,0,2,−10,8,−34,−14,2,0.2,0.1,100,200,0,21,8,,0.5)

POCKET4(50,0,2,−10,8,−34,−14,2,0,0,100,200,0,22,8,,0.5)

POCKET4(50,0,2,−10,8,34,14,2,0.2,0.1,100,200,0,21,8,,0.5)

POCKET4(50,0,2,−10,8,34,14,2,0,0,100,200,0,22,8,,0.5)

G0　X0　Y0　Z100

M30

五、技能训练

毛坯为 100 mm×60 mm×30 mm 铝材,要求加工出如图 5.7.9 所示的零件。

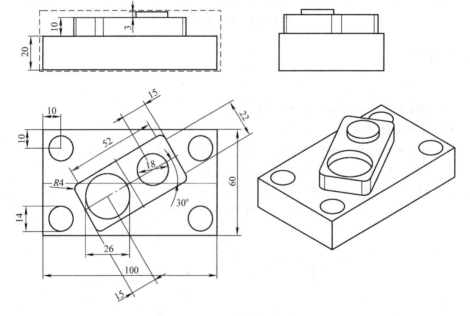

图 5.7.9　零件加工图

任务八　端面及复杂轮廓的零件加工

一、任务要求

毛坯为 90 mm×90 mm×25 mm 铝材,要求加工出如图 5.8.1 所示的零件。

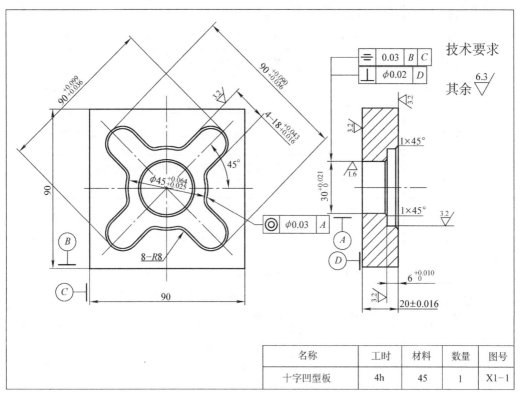

图 5.8.1　零件加工图

名称	工时	材料	数量	图号
十字凹型板	4h	45	1	X1-1

二、任务目标

(1)能使用坐标系旋转指令编制程序。

(2)能编制和调用子程序铣削工件。

(3)能使用铣槽循环对圆槽进行编程和铣削。

(4)能使用镗削循环编制程序和调节镗刀加工内孔。

三、任务指导

1. 端面铣削:CYCLE71

1)指令格式

CYCLE71(_RTP,_RFP,_SDIS,_DP,_PA,_PO,_LENG,_WID,_STA, _MID,_MIDA,_FDP,_FALD,_FFP1,_VARI,_FDP1),参数如表 5.8.1 所示。

表 5.8.1　CYCLE71 参数表

_RTP	Real	返回平面(绝对值)
_RFP	Real	参考平面(绝对值)
_SDIS	Real	安全间隙(添加到参考平面;无符号输入)
_DP	Real	深度(绝对值)
_PA	Real	起始点(绝对值),平面的第一轴
_PO	Real	起始点(绝对值),平面的第二轴
_LENG	Real	第一轴上的矩形长度,增量。尺寸的起始角由符号产生
_WID	Real	第二轴上的矩形宽度,增量。尺寸的起始角由符号产生
_STA	Real	纵向轴和平面的第一轴间的角度(无符号输入) 范围值:0°≤_STA<180°
_MID	Real	最大进给深度(无符号输入)
_MIDA	Real	平面中连续加工时作为数值的最大进给宽度(无符号输入)
_FDP	Real	精加工方向上的返回行程(增量,无符号输入)
_FALD	Real	深度的精加工大小(增量,无符号输入)
_FFP1	Real	端面加工进给率
_VARI	Integer	加工类型(无符号输入) UNIT DIGIT 值:1 粗加工 　　2 精加工 TENS DIGIT 值:1 在一个方向平行于平面的第一轴 　　2 在一个方向平行于平面的第二轴 　　3 平行于平面的第一轴 　　4 平行于平面的第二轴,方向可交替
_FDP1	Real	在平面的进给方向上越程(增量,无符号输入)

2)指令功能

使用 CYCLE71 可以切削任何矩形端面。循环识别粗加工(分步连续加工端面直至精加工)和精加工(端面的最后一步加工)。可以定义最大宽度和深度进给量。循环运行时不带刀具半径补偿。深度进给在开口处进行,如图 5.8.2 所示。

3)参数说明(如图 5.8.3)

(1)_DP(深度):可以将深度定义为到参考平面的绝对值(_DP)。

(2)_PA、_PO(起始点):使用参数_PA 和_PO 定义在平面的轴中的起始点。

(3)_LENG、_WID(长度):使用此参数可以定义平面中矩形的长和宽。

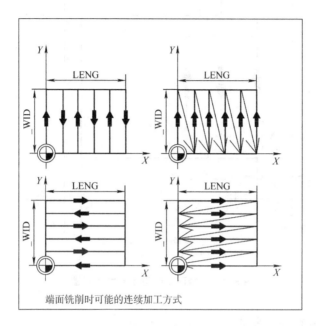

图 5.8.2　端面铣削加工方式示意图

(4)_MIDA(最大进给宽度):此参数可以用来定义在平面中连续加工时的最大进给宽度。类似于已知的计算进给深度的方法(使用最大可能的值平均划分总深度),使用_MIDA 下编程的最大值平均划分宽度。如果此参数未编程或编程值为零,循环内部将使用铣刀直径的 80% 作为最大进给深度。

(5)_FDP(返回行程):此参数用于定义在平面中返回行程的大小。此参数的值必须始终大于零。

(6)_FDP1(超出行程):此参数可以定义在平面的进给方向(_MIDA)上的超出行程。这样可以补偿当前刀具半径和刀尖半径(如刀具半径或在某一角度的刀尖)。这样最后的刀具中心点路径始终为_LENG(或_WID)+_FDP1-刀具半径(来自补偿表)。

(7)_FALD(精加工余量):粗加工时,应考虑此参数下编程的在深度方向的精加工余量。作为精加工余量的剩余部分必须始终定义要求精加工,确保刀具能够返回并无碰撞地进给到下一起始点。

(8)_VARI(加工类型):此参数用来定义加工类型。允许的值如下。

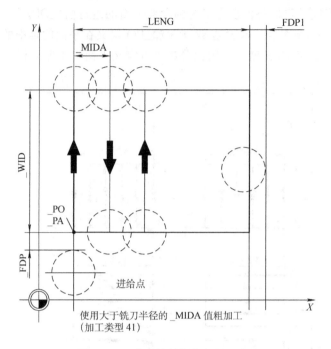

使用大于铣刀半径的 _MIDA 值粗加工
（加工类型 41）

图 5.8.3　端面铣削指令参数示意图

个位数字：

1＝粗加工到精加工余量

2＝精加工

十位数字：

1＝平行于平面的第一轴，在一个方向

2＝平行于平面的第二轴，在一个方向

3＝平行于平面的第一轴，在两个方向交替

4＝平行于平面的第二轴，在两个方向交替

如果参数_VARI 编程了其他的值，循环终止并产生报警 61002"加工类型定义不正确"。

4)编程举例

此程序循环调用的参数：返回平面 10 mm，参考平面 0 mm，安全间隙 2 mm，铣削深度 －11 mm，矩形起始点 $X＝100$ mm，$Y＝100$ mm，矩形尺寸 $X＝+60$ mm，$Y＝+40$ mm，平面中的旋转角度 10 度，最大进给深度 6 mm，最大进给宽度 10 mm，铣削路径结束时的返回行程 5 mm，无精加工余量 ，端面加工进给率400 mm/min，加工类型为粗加工，平行于 X 轴，方向可交替，由于刀刃的几何结构导致在最后切削时的超程 2 mm。使用直径为 10 mm 的立铣刀。程序参见表 5.8.2。

表 5.8.2　程序

N10 T2 D2	
N20 G17 G0 G90 G54 G94 F2000 X0 Y0 Z20	回到起始位置
N30 CYCLE71(10,0,2,−11,100,100,60,40,10,6,10,5,0,400,31,2)	循环调用
N40 G0 G90 X0 Y0	
N50 M30	程序结束

2. 轮廓铣削:CYCLE72

1)指令格式

CYCLE72(_KNAME,_RTP,_RFP,_SDIS,_DP,_MID,_FAL,_FALD,_FFP1,_FFD,_VARI,RL,_AS1,_LP1,_FF3,_AS2,_LP2),参数如表 5.8.3 所示。

表 5.8.3　CYCLE72 参数表

_KNAME	String	轮廓子程序名称
_RTP	Real	返回平面(绝对值)
_RFP	Real	参考平面(绝对值)
_SDIS	Real	安全间隙(添加到参考平面;无符号输入)
_DP	Real	深度(绝对值)
_MID	Real	最大进给深度(增量,无符号输入)
_FAL	Real	边缘轮廓的精加工余量(增量,无符号输入)
_FALD	Real	槽底的精加工余量(增量,无符号输入)
_FFD	Real	深度进给率(无符号输入)
_VARI	Integer	加工类型(无符号输入) UNIT DIGIT 值:1 粗加工 　　2 精加工 TENS DIGIT 值:0 使用 G0 的中间路径 　　1 使用 G1 的中间路径
		HUNDREDS DIGIT 值:0 在轮廓末端返回_RTP 　　1 在轮廓末端返回_RFP+_SDIS 　　2 在轮廓末端返回_SDIS 　　3 在轮廓末端不返回

_RL	Integer	沿轮廓中心,向右或向左进给(使用 G40,G41 或 G42;无符号输入) 值:40...G40(接近和返回——只有一条线) 　　41...G41 　　42...G42
_AS1	Integer	接近方向/接近路径的定义(无符号输入) UNITS DIGIT: 值:1 直线切线 　　2 四分之一圆 　　3 半圆 TENS DIGIT: 值:0 接近平面中的轮廓 　　1 接近沿空间路径的轮廓
_LP1	Real	接近路径的长度(使用直线)或接近圆弧的半径(使用圆)(无符号输入)
_FF3	Real	返回进给率和平面中中间位置的进给率(在开口处)
_AS2	Integer	返回方向/返回路径的定义(无符号输入) UNITS DIGIT: 值:1 直线切线 　　2 四分之一圆 　　3 半圆 TENS DIGIT: 值:0 从平面中的轮廓返回 　　1 沿空间的路径的轮廓返回
_LP2	Real	返回路径的长度(使用直线)或返回圆弧的半径(使用圆)(无符号输入)

2)指令功能

使用 CYCLE72 可以铣削定义在子程序中的任何轮廓。循环运行时可以有或没有刀具半径补偿。不要求轮廓一定是封闭的,通过刀具半径补偿的位置(轮廓中央、左或右)来定义内部或外部加工。轮廓的编程方向必须是它的加工方向,而且必须包含至少两个轮廓程序块(起始点和终点),因为轮廓子程序直接在循环内部调用,如图 5.8.4 所示。

3)参数说明(如图 5.8.5)

(1)_KNAME(名称):待加工的轮廓完整的编程在一个子程序中。_KNAME 定义了轮廓子程序的名称。

（2）_LP1、_LP2（长度、半径）：使用参数_LP1用来编程接近路径或接近半径（从刀具外沿到轮廓起始点的距离），参数_LP2用来编程返回路径或返回半径（从刀具外沿到轮廓终点的距离）。_LP1、_LP2的值必须大于零。如果等于零，将输出报警61116"接近或返回路径＝0"。

（3）_VARI（加工类型）：使用此参数可以定义加工类型。允许值如下。

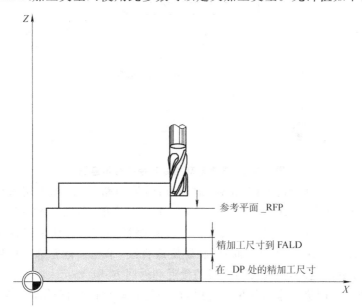

参考平面_RFP

精加工尺寸到FALD

在_DP处的精加工尺寸

图 5.8.4　轮廓循环指令参数功能示意图

UNIT DIGIT 值：

1 粗加工

2 精加工

TENS DIGIT 值：

0 使用 G0 的中间路径

1 使用 G1 的中间路径

HUNDREDS DIGIT 值：

0 在轮廓末端返回_RTP

1 在轮廓末端返回_RFP＋_SDIS

2 在轮廓末端返回_SDIS

3 在轮廓末端不返回

如果编程了其他的值，循环将终止并产生报警61002"加工类型定义不正确"。

（4）_RL（围绕轮廓移动）：此参数可以编程使用，G40、G41 或 G42 围绕轮廓中心，在轮廓右侧或轮廓左侧移动，如图 5.8.5 所示。

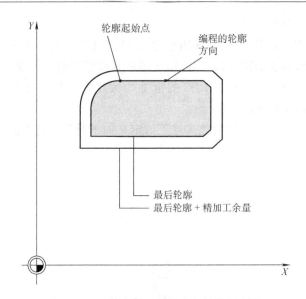

图 5.8.5　轮廓循环指令半径补偿示意图

（5）_AS1、_AS2（接近方向/路径、返回方向/返回路径）：_AS1 用来编程接近路径的定义，_AS2 用于编程返回路径的定义。关于允许值，参见"CYCLE72 的参数"。如果_AS2 未编程，返回路径的方式类似于接近路径的方式。如果刀具还未啮合或适合该接近方式，只能编程沿空间路径（螺旋或直线）平稳接近轮廓。如果是沿轮廓中心（G40）接近和返回，只允许沿直线的接近和返回方式。

（6）_FF3（返回进给率）：如果要使用 G01 进给率执行中间动作，此参数用于定义平面中（开放式）中间位置的返回进给率。如果未编程进给率值，使用 G01 的中间动作按端面进给率执行。

4）编程举例

围绕封闭轮廓外部铣削轮廓。用于循环调用的参数：返回平面 250 mm，参考平面 200 mm，安全间隙 3 mm，深度 175 mm，最大进给深度 10 mm，深度的精加工余量 1.5 mm，深度进给的进给率 400 mm/min，平面中的精加工余量 1 mm，平面中的进给率 800 mm/min；加工：粗加工至精加工余量，使用 G1 进行中间路径，Z 轴的中间路径返回量为_RFP＋_SDIS；用于接近的参数：G41－轮廓的左侧，即外部加工，在平面中沿四分之一圆接近和返回 20 mm 半径，返回进给率 1 000 mm/min。

```
N10   T3   D1   T3                              ;半径为 7 的铣刀
N20   S500   M3   F3000                         ;编程进给率，速度
N30   G17   G0   G90   X100   Y200   Z250   G94  ;回到起始位置
N40   CYCLE72（"EX72CONTOUR"，250 200，3，175，10，1，1.5，800，400，
111，41，2，20，1000，2，20）
```

循环调用：

```
N50   X100   Y200   N60   M2                     ;程序结束
```

%_N_EX72CONTOUR_SPF   ;用于铣削轮廓的子程序（举例）·

N20 S500 M3 F3000   ;编程进给率,速度

N30 G17 G0 G90 X100 Y200 Z250 G94   ;回到起始位置

N40 CYCLE72("PIECE_245:PIECE_245_E",250,200,3,175,10,1,1.5,800,400,11,41,2,20,1000,2,20)

循环调用：

N50 X100 Y200   N60 M2

N70 PIECE_245   ;轮廓   N80 G1 G90 X150 Y160

N90 X230 CHF=10   N100 Y80 CHF=10

N110 X125   N120 Y135

N130 G2 X150 Y160 CR=25   N140 PIECE_245_E ;轮廓结束

N150 M2

四、技能训练

如图 5.8.6 所示成型面零件,已知毛坯尺寸为 90 mm×90 mm×8 mm,编写数控加工程序并进行加工。

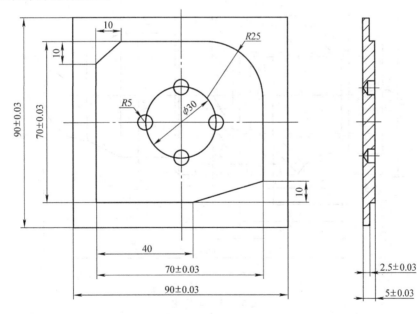

图 5.8.6 零件加工图

项目六　数控车工职业技能鉴定强化实训

任务一　中级职业技能鉴定实训题 1

一、任务描述

加工如图 6.1.1 所示零件,毛坯为 $\phi50$ mm×92 mm 的光轴,材料为 45 钢。试编写其数控加工程序并进行加工。

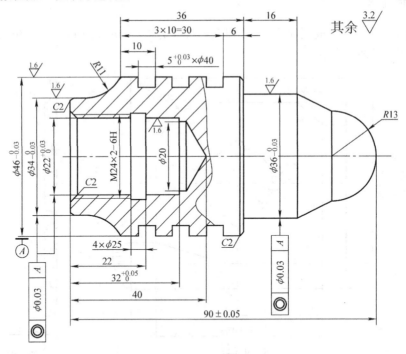

图 6.1.1　零件图

二、加工准备与加工要求

1. 加工准备

本例选用的机床为 SIEMENS802D 系统的 CKA6140 型数控车床。选择的刀具为 T01 外圆车刀、T02 外切槽刀、T03 内孔车刀、T04 内切槽刀、T05 内螺纹车刀。毛坯材料加工前先钻出直径为 20 mm、深度为 40 mm 的底孔。

2. 加工要求

工时定额(包括编程与程序手动输入)为 4 小时。

三、参考程序

程序内容	程序说明
AA11. MPF	加工左端内外轮廓主程序
G95 G71 G40 G90	程序开头
T1D1 M3 S800	
G0 X100 Z100 M8	
X52 Z2	
CYCLE95("AA111",2,0,0.5,,0.2,0.1,0.05,9,,,0.5)	毛坯外轮廓切削循环
G0 X100 Z100	
T2D1 S500	
G0 X48 Z−23	
CYCLE93(46,−20,5,3,,,,,,,0.2,0.2,2.0,,5)	切第一道槽
CYCLE93(46,−30,5,3,,,,,,,0.2,0.2,2.0,,5)	切第二道槽
CYCLE93(46,−40,5,3,,,,,,,0.2,0.2,2.0,,5)	切第三道槽
G0 X100 Z100	
T3D1 S500	调用 3 号刀
G0 X18 Z2	
CYCLE95("AA112",2,0,0.5,0,0.2,0.1,0.05,11,,,0.5)	毛坯内轮廓切削循环
G0 X100 Z100	
T4D1 S500	
G0 X20 Z2	
Z−21	
CYCLE93(22,−18,4,2.5,,,,,,,0.2,0.2,1.5,,7)	切内槽
G0 Z2	
G0 X100 Z100	
T5D1	
G0 X21 Z2	
CYCLE97(2,,0,−18,24,24,2,2,1.3,0.05,30,,10,1,4,1)	加工内螺纹
G0 X100 Z100	
M05 M09	

程序内容	程序说明
M30	
AA111. SPF	加工左端外轮廓子程序
G1 X32 Z0	
X34 Z−1	
Z−5. 2	
G2 X46 Z−15 CR=11	
G1 Z−55	
X52	
M17	返回主程序
AA112. SPF	加工左端内轮廓子程序
G1 X26 Z0	
X22 Z−2	
Z−40	
X18	
M17	
AA12. MPF	加工右端外轮廓主程序
G95 G71 G40 G90	程序开头
T1D1	
M3 S800	
G0 X100 Z100 M8	
X52 Z2	
CYCLE95("AA121",2,0,0.5,,0.2,0.2,0.05,9,,,0.5)	毛坯外轮廓切削循环
G0 X100 Z100	
M05 M09	
M30	
AA121. SPF	加工右端外轮廓子程序
G1 X0 Z0	
G3 X26 Z−13 CR=13	
G1 X36 Z−23	
Z−39	
X44	
X46 Z−40	
X52	
M17	返回主程序

四、课题小结

在数控编程过程中,程序开始和程序结束是相对固定的,包括一些机床信息,如机床回零、工件零点设定、主轴启动、切削液开启等功能。因此,通常将程序开始和程序结束编写成相对固定的格式,从而减少编程工作量。

在实际编写过程中,由于程序段号在手工输入过程中会自动生成,因此程序段号可省略不写。

为了方便对程序进行调试和修改,还可将各部分加工内容编写成单独程序。例如,本例中可将内轮廓和外轮廓的加工程序分开。

任务二 中级职业技能鉴定实训题 2

一、任务描述

加工如图 6.2.1 所示零件,毛坯为 $\phi50$ mm$\times$85 mm 的光轴,材料为 45 钢。试编写其数控加工程序并进行加工。

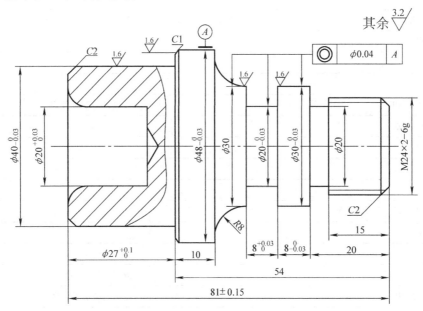

图 6.2.1 零件图

二、加工准备与加工要求

1. 加工准备

本例选用的机床为 SIEMENS802D 系统的 CKA6140 型数控车床。选择的刀具为 T01 外圆车刀、T02 外切槽刀（刀宽 3 mm）、T03 外螺纹车刀、T04 内孔车刀。毛坯材料加工前先钻出直径为 18 mm、深度为 23 mm 的底孔。

2. 加工要求

工时定额（包括编程与程序手动输入）为 4 小时。

三、参考程序

程序内容	程序说明
AA21. MPF	加工左端外轮廓主程序
G95 G71 G40 G90	程序开头
T1D1 M3 S800	
G0 X100 Z100 M8	
X52 Z2	
CYCLE95("AA211",2,0,0.5,,0.2,0.1,0.05,9,,,0.5)	毛坯外轮廓切削循环
G0 X100 Z100	
T4D1 S600	调用 4 号刀
G0 X16 Z2	
CYCLE95("AA212",1.0,0,0.3,,0.2,0.1,0.05,11,,,0.5)	毛坯内轮廓切削循环
G0 X100 Z100	
M05 M09	
M02	程序结束
AA211. SPF	左端外轮廓子程序
G1 X36 Z0	
X40 Z−2	
Z−27	
X46	
X48 Z−28	
Z−40	
X52	
M17	返回主程序
AA212. SPF	左端内轮廓子程序
G1 X30 Z0	
G2 X20 Z−5 CR=5	
G1 Z−20	
X18	
M17	返回主程序

续表

程序内容	程序说明
AA32. MPF	加工右端外轮廓主程序
G95 G71 G40 G90	
T1D1	
M3 S800	
G0 X100 Z100 M8	
X52 Z2	
CYCLE95("AA321",2,0,0.5,,0.2,0.1,0.05,9,,,0.5)	毛坯外轮廓切削循环
G0 X100 Z100	
T2D1 S500	
G0 X32 Z−18	
CYCLE93(24,−15,5,2,,,,,,,0.2,0.2,1.5,,5)	切第一道槽
CYCLE93(30,−28,8,5,,,,,,,0.2,0.2,2.0,,5)	切第二道槽
G0 X100 Z100	
T3D1 S500	
G0 X26 Z2	
CYCLE97(2,,0,−15,24,24,2,3,1.3,0.05,30,,10,1,3,1)	加工外螺纹
G0 X100 Z100	
M05 M09	
M02	程序结束
AA221. SPF	加工右端外轮廓子程序
G1 X20 Z0	
X23.8 Z−2	
G1 X36 Z−23	
Z−20	
X30	
Z−38	
G2 X46 Z−46 CR=8	
G1 X52	
M17	返回主程序

四、课题小结

车精度不高且宽度较窄的矩形沟槽时,可用刀宽等于槽宽的车槽刀,采用直进法一次进给车出。精度要求较高的沟槽,一般采用二次进给车成,即第一次进给车槽时,槽壁两侧留精车余量,第二次进给时用等宽刀修正。车较宽的沟槽,可以采用多次直进法切割,并在槽壁及底面留精加工余量,最后一刀精车至尺寸。

任务三　中级职业技能鉴定实训题 3

一、任务描述

加工如图 6.3.1 所示零件，毛坯为 $\phi42$ mm×112 mm 的光轴，材料为 45 钢。试编写其数控加工程序并进行加工。

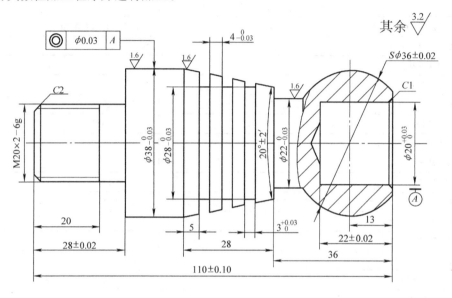

图 6.3.1　零件图

二、加工准备与加工要求

1. 加工准备

本例选用的机床为 SIEMENS802D 系统的 CKA6140 型数控车床。选择的刀具为 T01 外圆车刀、T02 外切槽刀（刀宽 3 mm）、T03 外螺纹车刀、T04 内孔车刀。毛坯材料加工前先钻出直径为 18 mm、深度为 25 mm 的底孔。

2. 加工要求

工时定额（包括编程与程序手动输入）为 4 小时。

三、参考程序

程序内容	程序说明
AA31. MPF	加工右端轮廓主程序
G95 G71 G40 G90	程序开头
T4D1 M3 S600	

续表

程序内容	程序说明
G0 X100 Z100 M8	
X16 Z2	
CYCLE95("AA311",1,0,0.3,,0.1,0.1,0.05,11,,,0.5)	毛坯外轮廓切削循环
G0 X100 Z100	
T2D1 S600	
G0 X42 Z−30.25	
CYCLE93(40,−20.25,8.75,9,,,,,,,0.2,0.2,1.5,,5)	切第一道槽
CYCLE93(40,−42,3,6,,,,,,,0.2,0.2,1.5,,5)	切第二道槽
CYCLE93(40,−49,3,6,,,,,,,0.2,0.2,1.5,,5)	切第三道槽
CYCLE93(40,−56,3,6,,,,,,,0.2,0.2,1.5,,5)	切第四道槽
G0 X100 Z100	
T1D1 S800	调用1号刀
G0 X42 Z2	
CYCLE95("AA312",1.5,0,0.5,,0.1,0.1,0.05,9,,,0.5)	毛坯外轮廓切削循环
G0 X100 Z100	
M05 M09	
M02	
AA311.SPF	右端内轮廓子程序
G1 X22 Z0	
X20 Z−1	
Z−22	
X16	
M17	返回主程序
AA312.SPF	右端外轮廓子程序
G1 X24.9 Z0	
G3 X22 Z−27.25 CR=18	
G1 X28.13 Z−36	
X38 Z−64	
X42	
M17	返回主程序
AA32.MPF	加工左端外轮廓主程序
G95 G71 G40 G90	程序开头
T1D1 M3 S800	
G0 X100 Z100 M8	
X42 Z2	
CYCLE95("AA321",1.5,0,0.5,,0.2,0.1,0.05,9,,,0.5)	毛坯外轮廓切削循环
G0 X100 Z100	
T3D1 S600	
G0 X22 Z2	
CYCLE97(2,,0,−20,20,20,2,3,1.3,0.05,30,,10,1,3,1)	加工螺纹
G0 X100 Z100	
M05 M09	
M02	
AA321.SPF	加工左端外轮廓子程序

程序内容	程序说明
G1 X15.8 Z0	
X19.8 Z−2	
Z−28	
X42	
M17	

四、课题小结

加工本例工件时,要特别注意加工次序的合理选择。加工时可先将左端轮廓加工至 ϕ38 mm 并保证精度要求,然后以该表面装夹加工右端内、外轮廓。注意,为了保持工件具有一定的夹持量,螺纹轮廓暂时不加工,等加工完右端轮廓后,再以 ϕ38 mm 外圆表面为夹持表面,加工左端螺纹。

任务四　中级职业技能鉴定实训题 4

一、任务描述

加工如图 6.4.1 所示零件,毛坯为 ϕ45 mm×62 mm 的光轴,材料为 45 钢。试编写其数控加工程序并进行加工。

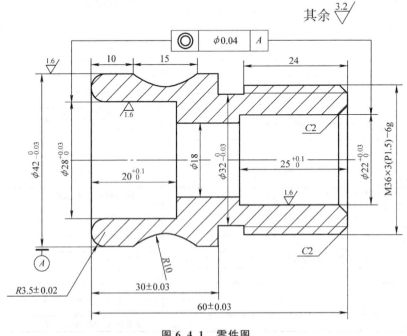

图 6.4.1　零件图

二、加工准备与加工要求

1. 加工准备

本例选用的机床为 SIEMENS802D 系统的 CKA6140 型数控车床。选择的刀具为 T01 外圆车刀、T02 外切槽刀、T03 外螺纹刀、T04 盲孔车刀。毛坯材料加工前先钻出直径为 18 mm 的通孔。

2. 加工要求

工时定额(包括编程与程序手动输入)为 4 小时。

三、参考程序

程序内容	程序说明
AA41. MPF	加工左端内外轮廓主程序
G95 G71 G40 G90	程序开头
T1D1 M3 S800	
G0 X100 Z100 M8	
X46 Z2	
CYCLE95("AA411",1,0,0.5,,0.2,0.1,0.05,9,,,0.5)	毛坯外轮廓切削循环
G0 X100 Z100	
T4D1 S600	
G0 X16 Z2	
CYCLE95("AA412",1,0,0.3,,0.1,0.1,0.05,11,,,0.5)	毛坯内轮廓切削循环
G0 X100 Z100	
M05 M09	
M02	程序结束
AA411. SPF	左端外轮廓子程序
G1 X35 Z0	
G3 X42 Z−3.5 CR＝3.5	
G1 Z−10	
G2 Z−25 CR＝10	
G1 Z−35	
X46	
M17	返回主程序
AA412. SPF	左端内轮廓子程序
G1 X35 Z0	

续表

程序内容	程序说明
G2 X28 Z−3.5 CR＝3.5	
G1 Z−20	
X16	
M17	返回主程序
AA42. MPF	加工右端外轮廓主程序
G95 G71 G40 G90	程序开头
T1D1	
M3 S800	
G0 X100 Z100 M8	
X46 Z2	
CYCLE95("AA421",1,0,0.5,,0.2,0.1,0.05,9,,,0.5)	毛坯外轮廓切削循环
G0 X100 Z100	
T2D1 S600	
G0 X38 Z−27	
CYCLE93(36,−24,6,2,,,,,,,,0.2,0.2,1.5,,5)	切槽
G0 X100 Z100	
T3D1 S500	
G0 X38 Z2	
CYCLE97(3,,0,−24,36,36,2,3,0.975,0.05,30,,10,1,3,2)	加工螺纹
G0 X100 Z100	
M05 M09	
M02	程序结束
AA421. SPF	加工右端外轮廓子程序
G1 X31.8 Z0	
X35.8 Z−2	
Z−30	
X46	
M17	返回主程序

四、课题小结

本例采用两次装夹后完成粗、精加工的加工方案,先加工左端内、外形,完成粗、精加工后,调头加工另一端。加工过程中尽可能采用沿轴向切削的方式进行加工,以提高加工过程中工件与刀具的刚性。

由于工件在长度方向的要求较低,根据编程原点的确定原则,该工件的编程原点取在加工完成后工件的左、右端面与主轴轴线相交的交点上。

任务五 中级职业技能鉴定实训题 5

一、任务描述

加工如图 6.5.1 所示零件,毛坯为 $\phi 50$ mm$\times 57$ mm 的光轴,材料为 45 钢。试编写其数控加工程序并进行加工。

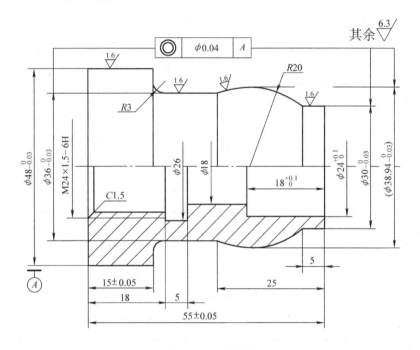

图 6.5.1 零件图

二、加工准备与加工要求

1. 加工准备

本例选用的机床为 SIEMENS802D 系统的 CKA6140 型数控车床。选择的刀具为 T01 外圆车刀、T02 内孔车刀、T03 内切槽刀(刀宽 3 mm)、T04 内螺纹车刀。毛坯材料加工前先钻出直径为 18 mm 的通孔,将左端外轮廓手动车削至 $\phi 48$ mm。

2. 加工要求

工时定额(包括编程与程序手动输入)为 4 小时。

三、参考程序

程 序 内 容	程 序 说 明
AA51. MPF	加工右端内外轮廓主程序
G95 G71 G40 G90	程序开头
T2D1 M3 S600	
G0 X100 Z100 M8	
X16 Z2	
CYCLE95("AA511",1,0,0.3,,0.1,0.1,0.05,11,,,0.5)	毛坯内轮廓切削循环
G0 X100 Z100	
T1D1 S800	
G0 X52 Z2	
CYCLE95("AA512",1.5,0,0.5,,0.1,0.1,0.05,9,,,0.5)	毛坯外轮廓切削循环
G0 X100 Z100	
M05 M09	
M02	程序结束
AA511. SPF	右端内轮廓子程序
G1 X24 Z0	
X20.4 Z−18	
X16	
M17	返回主程序
AA512. SPF	右端外轮廓子程序
G1 X30 Z2	
Z−5	
G3 X36 Z−25 CR=20	
G01 Z−37	
G2 X42 Z−40 CR=3	
G1 X52	
M17	返回主程序
AA52. MPF	加工左端外轮廓主程序
G95 G71 G40 G90	程序开头
T2D1	
M3 S600	
G0 X100 Z100 M8	
X16 Z2	

程序内容	程序说明
CYCLE95("AA521",1,0,0.3,,0.1,0.1,0.05,11,,,0.5)	毛坯内轮廓切削循环
G0 X100 Z100	
T3D1 S600	
G0 X21 Z2	
Z－21	
CYCLE93(22,－18,5,3,,,,,,,,0.2,0.2,1.5,,7)	切槽
G0 Z2	
G0 X100 Z100	
T4D1 S600	
G0 X22 Z2	
CYCLE97(1.5,,0,－18,20,20,2,3,0.975,0.05,30,,10,1,4,1)	加工螺纹
G0 X100 Z100	
M05 M09	
M02	程序结束
AA521.SPF	加工左端内轮廓子程序
G1 X26.5 Z0	
X22.5 Z－1.5	
Z－23	
X16	
M17	返回主程序

四、课题小结

在数控加工过程中,精加工余量不能太大,也不能太小。如果太大,则精加工过程中起不到精加工的效果;反之,如果精加工余量留得太小,则不能纠正上道工序留下的加工误差。确定精加工余量的方法主要有经验估算法、查表修正法、分析计算法等几种,数控车床上通常采用经验估算法或查表修正法确定精加工余量,内外轮廓的精加工余量一般取 0.3～0.5 mm。

任务六　中级职业技能鉴定实训题 6

一、任务描述

加工如图 6.6.1 和图 6.6.2 所示装配件,毛坯为 $\phi50$ mm×94 mm 和 $\phi50$ mm×

55 mm 的光轴,材料为 45 钢,装配图如图 6.6.3 所示。试编写其数控加工程序并进行加工。

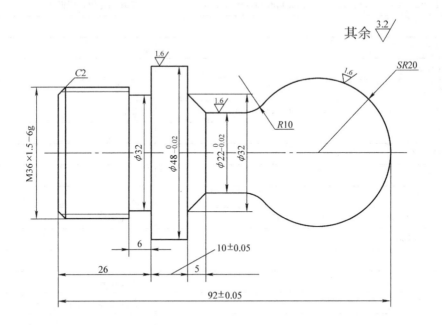

图 6.6.1　零件 1

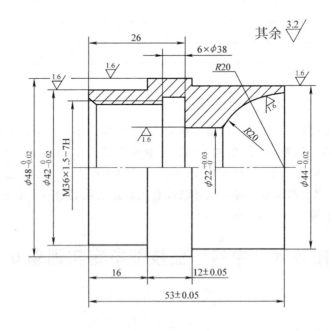

图 6.6.2　零件 2

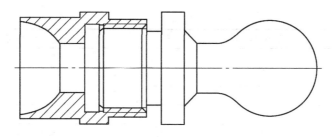

图 6.6.3 装配图

二、加工准备与加工要求

1. 加工准备

本例选用的机床为 SIEMENS802D 系统的 CKA6140 型数控车床。选择的刀具为 T01 外圆车刀、T02 外切槽刀、T03 外螺纹车刀、T04 内孔车刀、T05 内切槽刀、T06 内螺纹车刀。件 2 毛坯材料加工前先钻出直径为 20 mm 的通孔。

2. 加工要求

工时定额(包括编程与程序手动输入)为 5 小时。

三、参考程序

程 序 内 容	程 序 说 明
AA61. MPF	加工件 2 左端外轮廓主程序
G95 G71 G40 G90	程序开头
T1D1 M3 S800	调用 1 号刀
G0 X100 Z100 M8	
X52 Z2	
CYCLE95("AA611",1.5,0,0.5,,0.1,0.1,0.05,9,,,0.5)	毛坯外轮廓切削循环
G0 X100 Z100	
T4D1 S600	
G0 X18 Z2	
CYCLE95("AA612",1.0,0,0.3,,0.1,0.1,0.05,11,,,0.5)	加工件 2 左端内轮廓
G0 X100 Z100	
T5D1 S600	
G0 X33 Z2	
Z—23	
CYCLE93(34,—20,6,2,,,,,,,,0.2,0.2,2,,7)	切内槽
G0 X100 Z100	
T6D1 S600	
G0 X33 Z2	
CYCLE97(1.5,,0,—20,36,36,2,2,0.975,0.05,30,,10,1,4,1)	切内螺纹

程 序 内 容	程 序 说 明
G0 Z2	
X100 Z100	
M05 M09	
M02	程序结束
AA611. SPF	件2外轮廓子程序
G1 X42	
Z−16	
X48	
Z−30	
X52	
M17	返回主程序
AA612. SPF	件2左端内轮廓子程
G1 X30.5 Z0	
X34.5 Z−2	
Z−26	
X18	
M17	返回主程序
AA62. MPF	加工件1左端外轮廓主程序
G95 G71 G40 G90	程序开头
T1D1	
M3 S800	
G0 X100 Z100 M8	
X52 Z2	
CYCLE95("AA621",2,0,0.5,,0.2,0.2,0.05,9,,,0.5)	毛坯外轮廓切削循环
G0 X100 Z100	
T4D1 S600	
G0 X18 Z	
CYCLE95("AA622",1,0,0.5,,0.2,0.2,0.05,9,,,0.5)	加工右端外轮廓
G0 X100 Z100	
M05 M09	
M02	
AA621. SPF	加工左端外轮廓子程序
G1 X4	
Z−25	
X52	
M17	返回主程序
AA622. SPF	右端外轮廓子程序

程序内容	程序说明
G42 G1 X40 Z0	
G3 X22 Z－16.7 CR＝20	
G1 Z－30	
G40 X18	
M17	返回主程序

四、课题小结

完成本例工件时,除了需进行精确的基点计算外,还应注意零件的加工次序,以便保证本例工件加工过程中的合理装夹。本例工件正确的加工次序是:先加工件2,保证各项精度尺寸,再加工件1的左端轮廓,然后件1和件2通过螺纹配合后再加工件1右端外轮廓。

任务七　中级职业技能鉴定实训题 7

一、任务描述

加工如图 6.7.1 和图 6.7.2 所示的装配件,毛坯为 ϕ50 mm×90 mm 和 ϕ50 mm ×79 mm 的光轴,材料为 45 钢,装配图如图 6.7.3 所示。试编写其数控加工程序并进行加工。

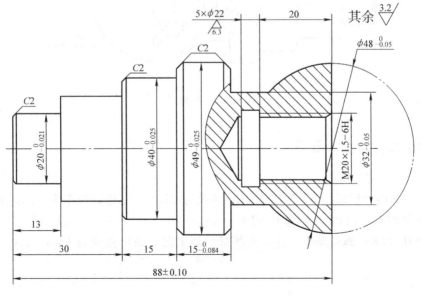

图 6.7.1　零件 1

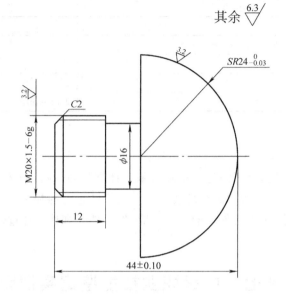

图 6.7.2　零件 2

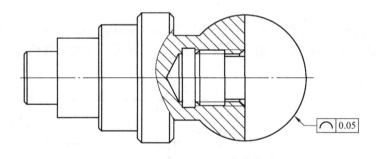

图 6.7.3　装配图

二、加工准备与加工要求

1. 加工准备

本例选用的机床为 SIEMENS802D 系统的 CKA6140 型数控车床。选择的刀具为 T01 外圆车刀、T02 外切槽刀（刀宽 3 mm）、T03 外螺纹车刀、T04 内孔车刀、T05 内切槽刀、T06 内螺纹车刀。件 2 毛坯材料加工前先钻出直径为 18 mm、深 34 mm 的底孔。

2. 加工要求

工时定额（包括编程与程序手动输入）为 6 小时。

三、参考程序

程 序 内 容	程 序 说 明
AA71. MPF	加工件 1 左端外轮廓主程序
G95 G71 G40 G90	程序开头
T1D1 M3 S800	调用外圆车刀
G0 X100 Z100 M8	
X52 Z2	
CYCLE95("AA711",1.5,0,0.5,,0.2,0.2,0.05,9,,,0.5)	毛坯切削循环加工左端外轮廓
G0 X100 Z100	
M05 M09	
M02	程序结束
AA711. SPF	左端轮廓子程序
G1 X18 Z0	
X20 Z−1	
Z−13	
X32	
Z−30	
X40 Z−31	
Z−45	
X45	
X49 Z−47	
Z−60	
X50	
M17	返回主程序
AA72. MPF	加工件 1 右端外轮廓主程序
G95 G71 G40 G90	
T1D1 M3 S800	
G0 X100 Z100 M8	
X52 Z2	
CYCLE95("AA721",1.5,0,0.5,,0.2,0.2,0.05,9,,,0.5)	毛坯切削循环加工右端外轮廓
G0 X150 Z50	
M05 M09	
M02	程序结束
AA721. SPF	加工右端外轮廓子程序
G42 G1 X48 Z0	
G3 X32 Z−17.9 CR=24	
Z−28	
X49 CHR=2	

续表

程序内容	程序说明
Z－30	
G40 X52	
M1	返回主程序

注:件2程序请自行编制。

四、课题小结

组合加工球面时,旋合松紧应适中,否则加工后无法旋下件2,为此,可用铜皮包裹后采用管子钳拆卸。

另外,组合加工球面时,应注意选择合适的刀具,经分析,刀具的副偏角应大于48.19°以防止刀具副切削刃与工件表面发生干涉。因此,本例选用35°菱形刀片的机夹可转位车刀进行加工较合适。

任务八 中级职业技能鉴定实训题 8

一、任务描述

加工如图 6.8.1～图 6.8.3 所示的装配件,毛坯为 $\phi 60$ mm×72 mm 和 $\phi 60$ mm×60 mm的光轴,材料为 45 钢,装配图如图 6.8.4 所示。试编写其数控加工程序并进行加工。

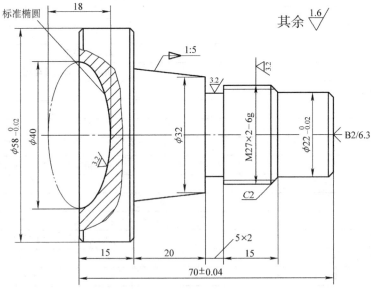

技术要求:锐边去毛倒棱,未注倒角为$C1$。

图 6.8.1 零件 1

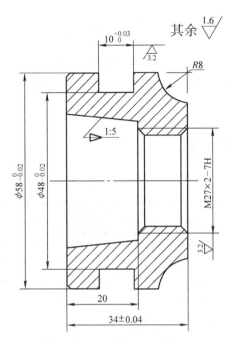

技术要求：1. 锐边去毛倒棱，未注倒角为C1。
　　　　　2. 件2锥面与件1配作。

图 6.8.2　零件 2

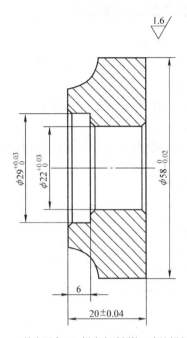

技术要求：1. 锐边去毛倒棱，未注倒角为C1。
　　　　　2. 件3圆弧与件2配作。

图 6.8.3　零件 3

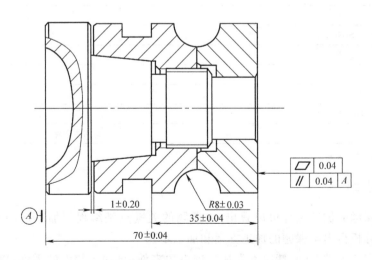

技术要求：涂色法检查件 1 与件 2 圆锥面，接触面积大于 60％。

图 6.8.4　装配图

二、加工准备与加工要求

1. 加工准备

本例选用的机床为 SIEMENS802D 系统的 CKA6140 型数控车床。选择的刀具为 T01 外圆车刀、T02 外切槽刀、T03 外螺纹车刀、T04 内孔车刀。件 2 毛坯材料加工前先钻出直径为 20 mm 的通孔。

2. 加工要求

工时定额（包括编程与程序手动输入）为 6 小时。

三、参考程序

程 序 内 容	程 序 说 明
AA81. MPF	加工左端内椭圆主程序
G95 G71 G40 G90	程序开头
T2D1 M3 S600	
G0 X100 Z100 M8	
X0 Z	
CYCLE95("AA811",1.5,0,0.5,,0.3,0.1,0.1,0.05,11,,,0.5)	毛坯切削循环加工左端内轮廓
G0 X100 Z100	
M05 M09	
M02	程序结束
AA811. SPF	左端内轮廓子程序
G0 X40	
R0＝90	
MA1 R1＝40 * SIN(R0)	
R2＝9 * COS(R0)	
G1 X＝R1 Z＝R2	
R0＝R0＋1	
IF R1〈＝180 GOTOB MA1	
M17	返回主程序

※ 其余程序请自行编制。

四、课题小结

从本课题的加工过程可以看出，本课题的关键点是编程与加工前的课题分析。通过课题分析得出本课题的加工方案和加工步骤。

对于配合工件，通常情况下先加工较小的零件，再加工较大的零件，以便在加工过程中及时进行试配。在试配时，一定要在零件不拆除的情况下进行试配，否则即使试配不合格也无法进行修整。

任务九　中级职业技能鉴定实训题 9

一、任务描述

加工如图 6.9.1～图 6.9.3 所示的装配件,毛坯为 φ46 mm×81 mm 和 φ46 mm ×55 mm 的光轴,材料为 45 钢,装配图如图 6.9.4 所示。试编写其数控加工程序并进行加工。

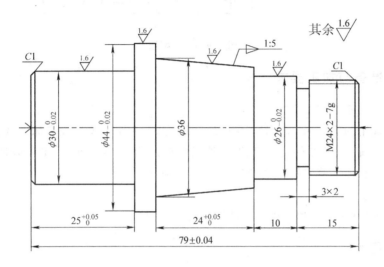

图 6.9.1　零件 1

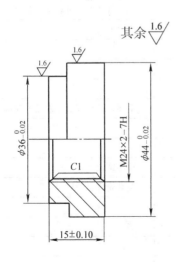

图 6.9.2　零件 2

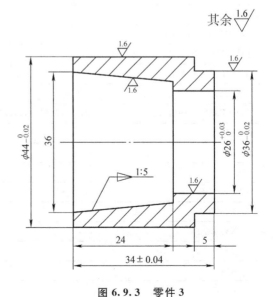

图 6.9.3　零件 3

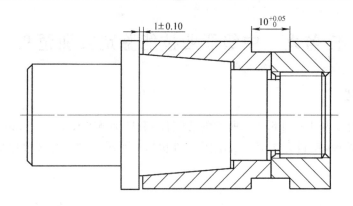

图 6.9.4 装配图

二、加工准备与加工要求

1. 加工准备

本例选用的机床为 SIEMENS802D 系统的 CKA6140 型数控车床。选择的刀具为 T01 外圆车刀、T02 外切槽刀、T03 外螺纹车刀、T04 内孔车刀、T05 内螺纹车刀。件 2 毛坯材料加工前先钻出直径为 20 mm 的通孔。

2. 加工要求

工时定额(包括编程与程序手动输入)为 6 小时。

三、参考程序

程序内容	程序说明
AA91. MPF	加工件 1 左端外轮廓主程序
G95 G71 G40 G90	程序开头
T1D1 M3 S800	
G0 X100 Z100 M8	
X52 Z2	
CYCLE95("AA911",1.5,0,0.5,,0.2,0.2,0.05,9,,,0.5)	毛坯切削循环加工左端外轮廓
G0 X100 Z100	
M05 M09	
M02	程序结束
AA911. SPF	左端轮廓子程序
G1 X28 Z0	
X30 Z−1	
Z−25	
X44	
Z−35	

续表

程 序 内 容	程 序 说 明
X52	
M17	返回主程序
AA92. MPF	加工件1右端外轮廓主程序
G95 G71 G40 G90	
T1D1 M3 S800	
G0 X100 Z100 M8	
X52 Z2	
CYCLE95("AA921",1.5,0,0.5,,0.2,0.2,0.05,9,,,0.5)	毛坯切削循环加工右端外轮廓
G0 X150 Z50	
T2D1 S500	
G0 X26 Z−18	
G1 X24 F0.1	
X26	
G0 X150 Z50	
T3D1 S500	
G0 X26 Z2	
CYCLE97(2,,0,−15,24,24,2,3,1.3,0.05,30,,10,1,3,1	加工螺纹
G0 X150 Z50	
M05 M09	
M02	程序结束
AA321. SPF	加工右端外轮廓子程序
G42 G1 X21.8 Z0	刀具半径右补偿
X23.8 Z−1	
Z−18	
X26	
Z−25	
X31.2	
X36 Z−49	
X44	
G40 X52	补偿结束
M17	返回主程序

※ 其余程序请自行编制。

四、课题小结

完成本例工件时,应注意零件的以下主要加工次序。

(1)以毛坯2外圆表面作为装夹表面,手动车削毛坯2端面并进行对刀。

（2）加工件 3 的 ϕ44 mm 外圆（长度为 38 mm）、内圆锥和 ϕ26 mm 内圆柱（总深度为 38 mm）。

（3）调头以已加工的 ϕ44 mm 外圆作为装夹表面，加工件 2 外圆、外圆锥、ϕ22 mm 内孔（余下部分全长）、内切槽和内螺纹。

（4）不拆除工件，切断刀切下件 2。

（5）不拆除工件，加工件 3 端面和 ϕ44 mm 外圆。

（6）以件 2 的 ϕ44 mm 外圆作为装夹面，加工件 2 端面（保证总长）并进行倒角。

（7）以毛坯 1 外圆表面作为装夹表面，手动车削毛坯 1 端面并进行对刀。

（8）加工件 1 右端 ϕ30 mm 和 ϕ44 mm 外圆，保证各项精度要求。

（9）调头以已加工的 ϕ40 mm 外圆作为装夹表面，手动车削件 1 右端面，保证总长 79 mm，打中心孔。

（10）采用一夹一顶的装夹方式，加工件 1 的左端外轮廓，保证圆柱、圆锥、外螺纹、切槽等表面的加工精度。

（11）加工件 1 右端时进行试配，不拆除件 1 进行修整，保证各项配合精度。

（12）拆除零件，去毛倒棱。

任务十　中级职业技能鉴定实训题 10

一、任务描述

加工如图 6.10.1～图 6.10.3 所示的装配件，毛坯为 ϕ50 mm×72 mm 和 ϕ50 mm×88 mm 的光轴，材料为 45 钢，装配图如图 6.10.4。试编写其数控加工程序并进行加工。

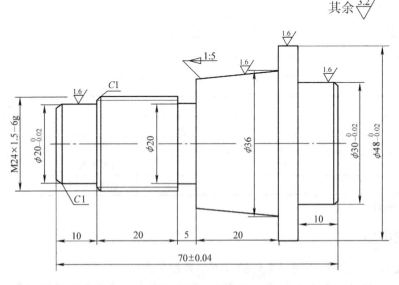

图 6.10.1　零件 1

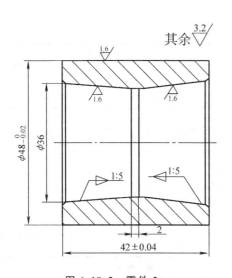

图 6.10.2　零件 2

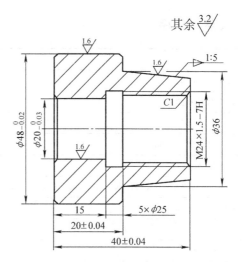

图 6.10.3　零件 3

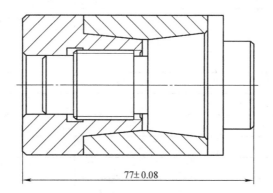

技术要求：1. 件 3 与件 1 和件 2 端面间隙小于 0.05 mm；

2. 锥面接触面积大于 60%。

图 6.10.4　装配图

二、加工准备与加工要求

1. 加工准备

本例选用的机床为 SIEMENS802D 系统的 CKA6140 型数控车床。选择的刀具为 T01 外圆车刀、T02 外切槽刀（刀宽 3 mm）、T03 外螺纹车刀、T04 内孔车刀、T05 内切槽刀、T06 内螺纹车刀。件 2 毛坯材料加工前先钻出直径为 18 mm 的通孔。

2. 加工要求

工时定额（包括编程与程序手动输入）为 6 小时。

三、参考程序

程 序 内 容	程 序 说 明
AA101. MPF	加工件 2 左端外轮廓主程序
G95 G71 G40 G90	程序开始
T1D1 M3 S800	
G0 X100 Z100 M8	
X52 Z2	
CYCLE95("AA1011",1.5,0,0.5,,0.2,0.2,0.05,9,,,0.5)	毛坯切削循环加工左端外轮廓
G0 X100 Z100	
T3D1 S50	
G0 X26 Z2	
CYCLE97(2,,0,−15,24,24,2,3,1.3,0.05,30,,10,1,3,1)	加工螺纹
M05 M09	
M02	程序结束
AA1011. SPF	左端外轮廓子程序
G1 X18 Z0	
X20 Z−	
Z−10	
X24 CHR=1	
Z−35	
X32	
X36 Z−55	
X48	
Z−57	
X50	
M17	返回主程序

注:其余程序请自行编制。

四、课题小结

完成本例工件时,应注意零件的以下主要加工次序。

(1)以毛坯 2 外圆表面作为装夹表面,手动车削毛坯 2 端面并进行对刀。

(2)加工件 3 的 $\phi48$ mm 外圆(长度为 48 mm)、内圆锥和 $\phi32.1$ mm 内圆柱(总深度为 45 mm)。

(3)调头以已加工的 $\phi48$ mm 外圆作为装夹表面,加工件 2 外圆、外圆锥、

$\phi22$ mm内孔(余下部分全长)、内切槽和内螺纹。

(4)不拆除工件,切断刀切下件2。

(5)不拆除工件,加工件3端面和内圆锥。

(6)以件2的$\phi48$ mm外圆作为装夹面,加工件2端面(保证总长)并进行倒角。

(7)以毛坯1外圆表面作为装夹表面,手动车削毛坯1端面并进行对刀。

(8)加工件1右端$\phi30$ mm和$\phi48$ mm外圆,保证各项精度要求。

(9)调头以已加工的$\phi30$ mm外圆作为装夹表面,手动车削件1右端面,保证总长79 mm,打中心孔。

(10)采用一夹一顶的装夹方式,加工件1的左端外轮廓,保证圆柱、圆锥、外螺纹、切槽等表面的加工精度。

(11)加工件1右端时进行试配,不拆除件1进行修整,保证各项配合精度。

(12)拆除零件,去毛倒棱。

项目七　数控铣工职业

技能鉴定强化实训

任务一　中级职业技能鉴定实训题 1

一、任务描述

试在加工中心上完成如图 7.1.1 所示工件的编程与加工,已知毛坯尺寸为 100 mm×120 mm×25 mm,材料为 45 钢。

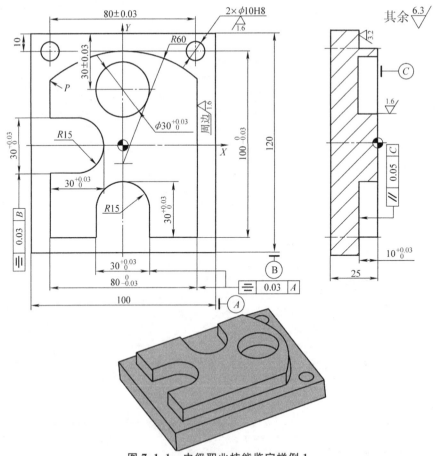

图 7.1.1　中级职业技能鉴定样例 1

二、知识点与技能点

(1)基点坐标的计算方法。

(2)轮廓铣削刀具的选用。

(3)轮廓加工切入与切出方法的选择。

三、加工准备与加工要求

1. 加工准备

本实训使用 802D 型 SIEMENS 系统数控铣床,采用手动换刀方式,加工过程中使用的工具、量具、刀具及材料见表 7.1.1。

表 7.1.1　工具、量具、刀具配备

序　　号	名　　称	规　　格	数　　量	备　注
1	游标卡尺	0～150 0.02	1	
2	万能量角器	0～320° 2′	1	
3	千分尺	0～25、25～50、50～75 0.01	各 1	
4	内径量表	18～35 0.01	1	
5	内径千分尺	25～50 0.01	1	
6	止通规	ϕ10H8	1	
7	深度游标卡尺	0.02	1	
8	深度千分尺	0～25 0.01	1	
9	百分表、磁性表座	0～10 0.01	各 1	
10	R 规	R15～25	各 1	
11	塞尺	0.02～1	1 副	
12	钻头	中心钻、ϕ9.8、ϕ20 等		

2. 加工要求

本实训的工时定额(包括编程与程序手动输入)为 4 小时。

四、工艺分析与知识积累

本实训既有外轮廓加工,又有内轮廓加工。因此,在加工过程中应注意选择不同的刀具来加工内、外轮廓。此外,还应注意在加工过程中刀具进退刀路线的选择,以防止在进退刀过程中产生过切现象。

1. 加工刀具的选择

加工外轮廓时,选用立铣刀进行加工。立铣刀圆柱表面和端面上都有切削刃,圆柱表面的切削刃为主切削刃,端面上的切削刃为副切削刃,它们可同时进行切削,也可单独进行切削。立铣刀的主切削刃一般为螺旋齿,这样可以增加切削平稳性,提高加工精度。由于普通立铣刀端面中心处无切削刃,所以立铣刀不能作轴向进给,端面刃主要用来加工与侧面相垂直的底平面。

加工内轮廓时,选用键铣刀进行加工。键铣刀如图 7.1.2 所示,这类刀具一般只

图 7.1.2 键铣刀

有两个刀齿,圆柱面和端面都有切削刃,端面刃延伸至中心,既像立铣刀,又像钻头。加工时先轴向进给达到槽深,然后沿轮廓方向进行切削。键铣刀直径的精度要求较高,其偏差有 e8 和 d8 两种。重磨键铣刀时,只需刃磨端面切削刃,重磨后铣刀直径不变。

2. 进退刀路线的确定

在工件加工过程中,当采用法线方式进刀时,由于机床的惯性作用,常会在工件轮廓表面产生过切,形成凹坑。因此,本例采用如图 7.1.3 所示的切向切入方式进行进刀。加工外轮廓时,在轮廓的延长线上进行进刀和退刀;加工内轮廓时,由于无法在轮廓的延长线上进行进退刀,因此采用过渡圆的方式进行进刀,而采用法向方式进行退刀。

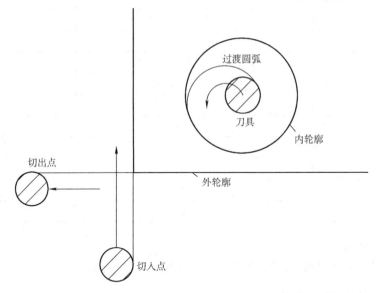

图 7.1.3 切向进退刀

3. 数控编程中的数值计算

常用的基点计算方法有列方程求解法、三角函数法、计算机绘图求解法等。采用 CAD 绘图分析法可以避免大量复杂的人工计算,操作方便,基点分析精度高,出错概率小。因此,这种找点方法是近几年的数控加工中最为普及的基点与节点分析方法。当前在国内常用于 CAD 绘图求基点的软件有 AutoCAD、CAXA 电子图板和 CAXA 制造工程师等。

本例采用三角函数法求得的 P 点坐标为(-40,34.72)。

4. 参考程序

选择工件上表面对称中心作为编程原点,其加工程序如下:

AA011. MPF;

N10 G90 G94 G71 G40 G54 F100;

N20 G74 Z0;

N30 T1D1 M03 S600;

N40 G00 X－70.0 Y－80.0;

N50 Z30.0 M08;

N60 G01 Z－10.0;

N70 G41 G01 X－40.0 Y－80.0;

N80 Y－15.0;

N90 X－25.0;

N100 G03 Y15.0 CR＝15.0;

N110 G01 X－40.0;

N120 Y34.72;

N130 G02 X40.0 CR＝60.0;

N140 G01 Y－50.0;

N150 X15.0;

N160 Y－35.0;

N170 G03 X－15.0 CR＝15.0;

N180 G01 Y－50.0;

N190 X－60.0;

N200 G40 G01 X－80.0 Y－80.0 M09;

N210 G74 Z0;

N220 M30;

AA012. MPF;

N10 G90 G94 G71 G40 G54 F100;

N20 G74 Z0;

N30 T1D1 M032 S600;

N40 G00 X0 Y30.0;

N50 Z20.0;

N60 G01 Z—10.0 F50.0；

N70 G41 G01 X—5.0 Y30.0 F100；

N80 G03 X—15.0 CR=5.0；

N90 G03 I15.0；

N100 G40 G01 X0 Y30.0；

N110 G74 Z0；

N120 M30；

AA013.MPF；

N10 G90 G94 G71 G40 G54 F50；

N20 G74 Z0；

N30 T1D1 M03 S200；

N40 G00 Z50.0；

N50 MCALL CYCLE85(30.0,—10.0,5.0,—30.0)；

N60 G00 X—40.0 Y50.0；

N70 X40.0 Y50.0；

N80 MCALL；

N90 G74 Z0；

N100 M30；

五、实训小结

在数控编程过程中,针对不同的数控系统,其数控程序的开始和结束是相对固定的,包括一些机床信息,如机床回零、工件零点设定、主轴启动、切削液开启等功能。因此,在实际编程过程中,通常将数控程序的开始和结束编写成相对固定格式,从而减少编程工作量。

在实际编程过程中,程序段号设定有效,那么在手工输入过程中会自动生成。

由于数控等级工考试是单件生产,所以建议将各部分加工内容编写成单独程序,以便于程序调试和修改。

六、课后练习题

试编写如图 7.1.4 所示零件的加工程序,已知毛坯尺寸为 75 mm×75 mm×20 mm,材料为 45 钢。

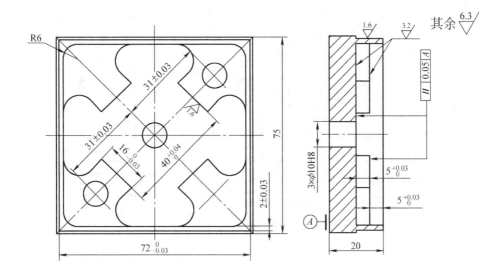

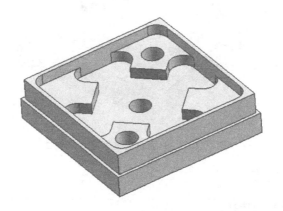

图 7.1.4　中级职业技能鉴定练习题 1

任务二　中级职业技能鉴定实训题 2

一、任务描述

试在数控铣床上完成如图 7.2.1 所示工件的编程与加工,已知毛坯尺寸为 80 mm×80 mm×25 mm,材料为 45 钢。

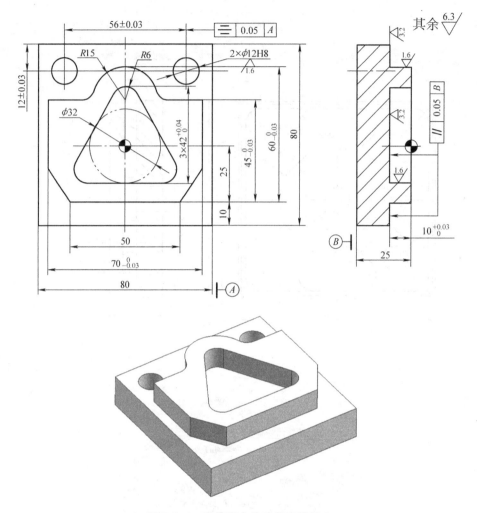

图 7.2.1　中级职业技能鉴定样例 2

二、知识点与技能点

(1)顺铣与逆铣的选择。

(2)精加工余量的确定。

(3)内外轮廓的加工方法。

三、加工准备与加工要求

1. 加工准备

选用机床:802D 型 SIEMENS 系统数控铣床。

选用夹具:精密平口钳。

使用毛坯:80 mm×80 mm×25 mm 的 45 钢,六面为已加工表面。

刀具、量具与工具:参照表 7.1.1 进行配备。

2. 加工要求

本课题的工时定额(包括编程与程序手动输入)为 4 小时。

四、工艺分析与知识积累

1. 顺铣与逆铣的选择

如图 7.2.2 所示,根据刀具的旋转方向和工件的进给方向间的相互关系,数控铣削分为顺铣和逆铣两种。在刀具正转的情况下,刀具的切削速度方向与工件的移动方向相同,采用左刀补铣削为顺铣;刀具的切削速度方向与工件的移动速度方向相反,而采用右刀补铣削为逆铣。

采用顺铣时,其切削力及切削变形小,因此,通常采用顺铣的加工方法进行精加工,但容易产生崩刃现象。而采用逆铣则可以提高加工效率,因此,通常在粗加工时采用逆铣的加工方法,但由于逆铣切削力大,导致切削变形增加、刀具磨损加快。

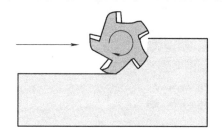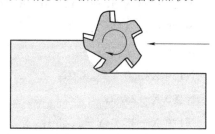

图 7.2.2　顺铣与逆铣

2. 精加工余量的确定

确定精加工余量的方法主要有经验估算法、查表修正法、分析计算法等几种。数控铣床上通常采用经验估算法或查表修正法确定精加工余量,其推荐值见表 7.2.1 (轮廓指单边余量,孔指双边余量)。

表 7.2.1　铣削精加工余量　　　　　　　　　　单位:mm

加工方法	刀具材料	精加工余量	加工方法	刀具材料	精加工余量
轮廓铣削	高速钢	0.2~0.4	铰孔	高速钢	0.1~0.2
	硬质合金	0.3~0.5		硬质合金	0.2~0.3
扩孔	高速钢	0.5~1	镗孔	高速钢	0.1~0.5
	硬质合金	1~2		硬质合金	0.3~1.0

五、参考程序

选择工件上表面对称中心作为编程原点,其加工程序如下:

AA011. MPF;

N10 G90 G94 G71 G40 G54 F100；

N20 G74 Z0；

N30 T1D1 M03 S600；

N40 G00 X－60.0 Y35.0；

N50 M08；

N60 Z30.0；

N70 G01 Z－10.0；

N80 G41 G01 X－50.0 Y20.0；

N90 X－24.187；

N100 G03 X－18.812 Y23.333 CR＝6.0；

N110 G02 X18.812 CR＝15.0；

N120 G03 X24.187 Y20.0 CR＝6.0；

N130 G01 X35.0；

N140 Y－7.680；

N150 X25.0 Y－25.0；

N160 X－25.0；

N170 X－35.0 Y－7.680；

N180 Y35.0；

N190 G40 G01 X－60.0 Y35.0；

N200 G74 Z0；

N210 M30；

AA012.MPF；

N10 G90 G94 G71 G40 G54 F100；

N20 G74 Z0；

N30 T1D1 M03 S600；

N40 G00 X－10.0 Y0.0；

N50 Z20.0；

N60 G01 Z－10.0 F50.0；

N70 G41 G01 X0 Y14.0 F100；

N80 G03 X－5.196 Y23.0 CR＝6.0；

N90 G01 X－22.517 Y－7.0；

N100 G03 X−17.321 Y−16.0 CR＝6.0；

N110 G01 X17.321；

N120 G03 X22.517 Y−7.0 CR＝6.0；

N130 G01 X5.196 Y23.0；

N140 G40 G01 X0 Y0；

N150 G74 Z0；

N160 M30；

AA013.MPF；

N10 G90 G94 G71 G40 G54 F50；

N20 G74 Z0；

N30 T1D1 M03 S200；

N40 G00 Z50.0；

N50 MCALL CYCLE85(30.0，−10.0，5.0，−30.0)；

N60 G00 X−28.0 Y33.0；

N70 X28.0 Y33.0；

N80 MCALL；

N90 G74 Z0；

N100 M30；

六、课题小结

轮廓加工的粗加工和精加工同为一个程序。粗加工时，设定的刀具补偿量为"R(刀具半径)＋0.2(精加工余量)"；而在精加工时，设定的刀具补偿量通常为"R"，有时，为了保证实际尺寸精度，刀具补偿量可根据加工后实测的轮廓尺寸取略小于(0.01~0.03 mm)"R"的值。

在编制多个孔的加工程序时，应注意刀具退刀位置的选择。当工件表面有台阶面时，退刀位置应取在初始平面；而当工件表面为平坦面时，退刀位置可选在 R 参考平面。本例选择的退刀位置为初始平面。

七、课后练习题

试编写如图 7.2.3 所示工件的数控加工程序，已知毛坯尺寸为 100 mm×100 mm×25 mm，材料为 45 钢。

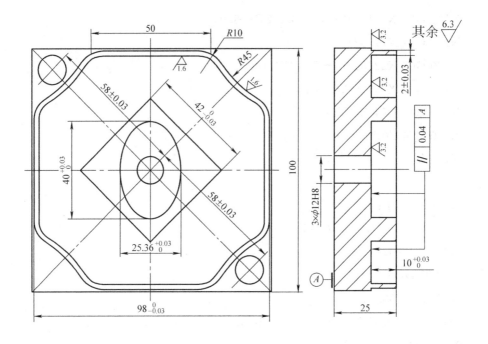

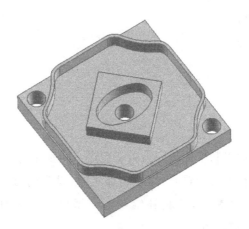

图 7.2.3 中级职业技能鉴定练习题 2

任务三 中级职业技能鉴定实训题 3

一、任务描述

试在数控铣床上完成如图 7.3.1 所示工件的编程与加工,已知毛坯尺寸为 100 mm×80 mm×25 mm,材料为 45 钢。

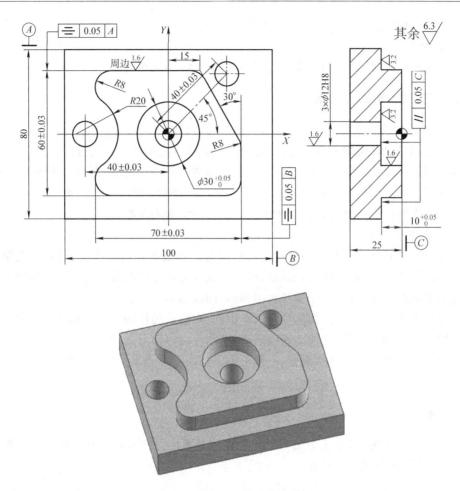

图 7.3.1　中级职业技能鉴定样例 3

二、知识点与技能点

(1)切削用量的选择。

(2)切削液的选择。

(3)内外轮廓加工的编程方法。

三、加工准备与加工要求

1.加工准备

选用机床:802D 型 SIEMENS 系统数控铣床。

选用夹具:精密平口钳。

使用毛坯:100 mm×80 mm×25 mm 的 45 钢,六面为已加工表面。

刀具、量具与工具：参照表 7.1.1 进行配备。

2. 加工要求

本课题的工时定额（包括编程与程序手动输入）为 4 小时。

四、工艺分析与知识积累

1. 铣削用量的选择

铣削用量包括铣削速度（v_c）、进给量（f）、铣削背吃刀量（a_p）与铣削宽度（a_e）等。合理选择铣削用量，对提高生产效率、改善表面质量和加工精度，都有着密切的关系。

在工厂的实际生产过程中，切削用量一般根据经验并通过查表的方式进行选取。常用碳素钢件或铸铁材料切削用量的推荐值可通过查表获取。

2. 铣削液的选择

切削液主要分为水基切削液和油基切削液。水基切削液主要成分是水、化学合成水和乳化液，冷却能力强；油基切削液主要成分是各种矿物质油、动物油、植物油或由它们组成的复合油，并可添加各种添加剂，因此其润滑性能突出。

粗加工或半精加工时，切削热量大。因此，切削液的作用应以冷却散热为主。精加工时，为了获得良好的已加工表面质量，切削液应以润滑为主。

硬质合金刀具的耐热性能好，一般可不用切削液。如果要使用切削液，一定要采用连续冷却的方法进行。

五、参考程序

如图 7.3.2 所示，本任务编程过程中在 XY 平面内的基点坐标采用三角函数法或 CAD 软件画图找点法计算。

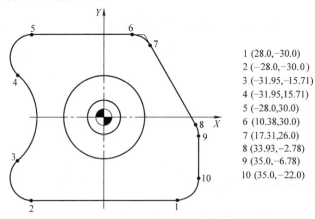

1 (28.0, -30.0)
2 (-28.0, -30.0)
3 (-31.95, -15.71)
4 (-31.95, 15.71)
5 (-28.0, 30.0)
6 (10.38, 30.0)
7 (17.31, 26.0)
8 (33.93, -2.78)
9 (35.0, -6.78)
10 (35.0, -22.0)

图 7.3.2 基点计算

选择工件上表面对称中心作为编程原点，其加工程序如下：

AA011. MPF；

N10 G90 G94 G71 G40 G54 F100；

N20 G74 Z0；

N30 T1D1 M03 S600；

N40 G00 X70.0 Y－50.0；

N50 Z23.0 M08；

N60 G01 Z－10.0；

N70 G41 G01 X60.0 Y－30.0；

N80 X－28.0；

N90 G02 X－31.95 Y－15.71 R8.0；

N100 G03 Y15.71 CR＝20.0；

N110 G02 X－28.0 Y30.0 CR＝8.0；

N120 G01 X10.38；

N130 G02 X17.31 Y26.0 CR＝8.0；

N140 G01 X33.93 Y－2.78；

N150 G02 X35.0 Y－6.78 CR＝8.0；

N160 G01 Y－22.0；

N170 G02 X28.0 Y－30.0 CR＝8.0；

N180 G40 G01 X70.0 Y－50.0；

N190 G74 Z0；

N200 M30；

AA012.MPF；

N10 G90 G94 G71 G40 G54 F100；

N20 G74 Z0；

N30 T1D1 M03 S600；

N40 G00 X0 Y0；

N50 Z20.0 M08；

N60 G01 Z－10.0 F50.0；

N70 G41 G01 X5.0 Y0 F100；

N80 G03 X15.0 CR＝5.0；

N90 G03 I－15.0；

N100 G40 G01 X0 Y0；

N110 G74 Z0；

N120 M30；

AA013.MPF；

N10 G90 G94 G71 G40 G54 F50；N20 G74 Z0；

N30 T1D1 M03 S200；N40 G00 Z50.0；

N50 MCALL CYCLE85(30.0，－10.0，5.0，－30.0)；N60 G00 X－40.0 Y0；

N70 X0 Y0；N80 X28.28 Y28.28；

N90 MCALL；N100 G74 Z0；

N110 M30；

【操作提示】 在工件进行自动加工前,请再次确认长度补偿值输入位置的正确性以及 G54 零点偏移中的 Z 值为零。

中心钻定位和钻孔采用 G81 指令编程。可自行编制其加工子程序。

六、任务小结

对于这类内轮廓中有孔的工件,在加工内轮廓时,可先加工出预孔(ϕ8 mm)后直接用立铣刀加工。这样做可减少换刀次数,缩短加工时间;另一方面,采用立铣刀加工时,还可增加刀具的强度,提高加工精度。

七、课后练习题

试编写如图 7.3.3 所示工件的数控加工程序,已知毛坯尺寸为 100 mm×80 mm×25 mm,材料为 45 钢。

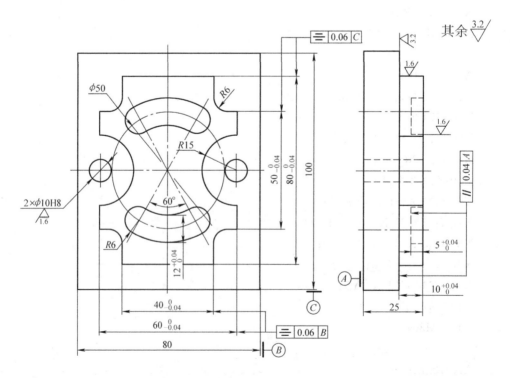

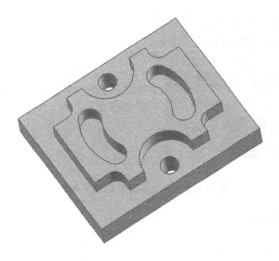

图 7.3.3　中级职业技能鉴定练习题 3

任务四　中级职业技能鉴定实训题 4

一、任务描述

试编写如图 7.4.1 所示工件(已知毛坯尺寸为 $\phi80$ mm×35 mm,材料为 45 钢)的加工程序,并在数控铣床上进行加工。

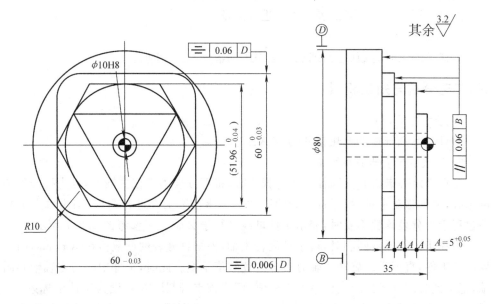

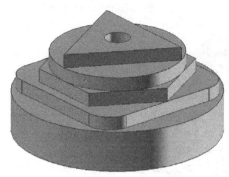

技术要求:

1. 工件表面去毛刺倒棱;

2. 加工表面粗糙度:侧平面及孔为 $R_a1.6\mu m$,底平面为 $R_a3.2\mu m$;

3. 工时定额为 4h。

图 7.4.1 中级职业技能鉴定样例 4

二、知识点与技能点

(1)子程序的运用。

(2)三爪卡盘的装夹与校正。

(3)分层切削的编程方法。

三、加工准备与加工要求

1. 加工准备

选用机床:802D 型 SIEMENS 系统数控铣床。

选用夹具:三爪卡盘。

使用毛坯:$\phi80$ mm×35 mm 的 45 钢,上下表面与圆周面为已加工表面。

刀具、量具与工具:参照表 7.1.1 进行配备。

2. 加工要求

本课题的工时定额(包括编程与程序手动输入)为 4 小时。

四、工艺分析与知识积累

1. 子程序的调用格式

SIMENS 系统中的调用格式为:AA123 P××;

2. 三爪自定心卡盘的找正

三爪自定心卡盘装夹圆柱形工件找正时,将百分表固定在主轴上,触头接触外圆侧母线,上下移动主轴,根据百分表的读数用铜棒轻敲工件进行调整,当主轴上下移动过程中百分表读数不变时,表示工件母线平行于 Z 轴。可参考图 2.3.7 所示。

当找正工件外圆圆心时,可手动旋转主轴,根据百分表的读数值在 XY 平面内手摇移动工件,直至手动旋转主轴时百分表读数值不变。此时,工件中心与主轴轴心同轴,记下此时的 XY 机床坐标系的坐标值,可将该点(圆柱中心)设为工件坐标系 XY 平面的工件坐标系原点。内孔中心的找正方法与外圆圆心找正方法相同,但找正内孔时通常使用杠杆式百分表。

3. 坐标计算

利用三角函数求基点的方法计算出本例的基点坐标,如图 7.4.2 所示。

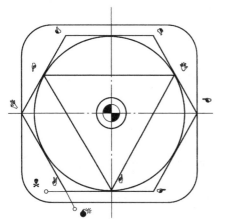

A(−15.0,−25.98);B(−30.0,0);
C(−15.0,25.98) ;D(15.0,25.98);
E(30.0,0) ;F(15.0,−25.98);
G(0,−25.98) ;H(−22.5,12.99);
I(22.5,12.99) ;M(−5.0,−43.30);
N(25.0,−25,98)

图 7.4.2 坐标计算

五、参考程序

选择工件上表面对称中心作为编程原点,其加工程序如下:

AA100. MPF;

N10 G90 G94 G71 G40 G54 F100;

N20 G74 Z0;

N30 T1D1 M03 S600;

N40 G00 X−50.0 Y−50.0;

N50 Z30.0 M08;

N60 G01 Z0 F100;

N70 L101 P4;

N80 G01 Z0;

N90 L102 P3;

N100 G01 Z0;

N110 L103 P2;

N120 G01 Z0;

N130 L104;

N140 G91 G28 Z0;

N150 M30;

L101. SPF;

N10 G91 G01 Z−5.0;

N20 G90 G41 G01 X－30.0；

N30 Y20.0；

N40 G02 X－20.0 Y30.0 CR＝10.0；

N50 G01 X20.0；

N60 G02 X30.0 Y20.0 CR＝10.0；

N70 G01 Y－20.0；

N80 G02 X20.0 Y－30.0 CR＝10.0；

N90 G01 X－20.0；

N100 G02 X－30.0 Y－20.0 CR＝10.0；

N110 G40 G01 X－50.0 Y－50.0

N120 M17；

L102.SPF；

N10 G91 G01 Z－5.0；

N20 G90 G41 G01 X－5.0 Y－43.30；

N30 X－30.0 Y0；

N40 X－15.0 Y25.98；

N50 X15.0；

N60 X30.0 Y0；

N70 X15.0 Y－25.98；

N80 X－25.0；

N90 G40 G01 X－50.0 Y－50.0；

N100 M17；

L103.SPF；

N10 G91 G01 Z－5.0；

N20 G90 G41 G01 X15.0 Y－25.98；

N30 X0；

N40 G02 X0 Y－25.98 I0 J25.98；

N50 G01 X－15.0；

N60 G40 G01 X－50.0 Y－50.0；

N70 M17；

L104.SPF；

N10 G91 G01 Z－5.0；

N20 G90 G41 G01 X10.0 Y－43.30；

N30 X-22.5 Y12.99；

N40 X22.5；

N50 X-10.0 Y-43.3；

N60 G40 G01 X-50.0 Y-50.0；

N70 M17；

六、课题小结

由于轮廓 Z 向切削深度较大，因此，轮廓 Z 向采用子程序分层切削的方法进行，Z 向每次切深为 5 mm。方形凸台总切深为 20 mm，Z 向分四层切削；六边形、圆、三角形凸台的分层切削次数依次为 3 次、2 次和 1 次。

分层切削时，为了避免出现分层切削的接刀痕迹，通过修改刀具半径补偿值的办法留出精加工余量，参照经验公式选取精加工余量为单边 0.2 mm，待分层切削完成后，再在深度方向进行一次精加工。精加工前，需对刀具半径补偿值、主程序中调用子程序的次数（改成 1 次）和子程序 Z 向切深量（改成等于总切深）进行修改。

七、课后练习题

试编写如图 7.4.3 所示零件的数控加工程序，已知毛坯尺寸为 $100 \times 100 \times 20$，材料为 45 钢。

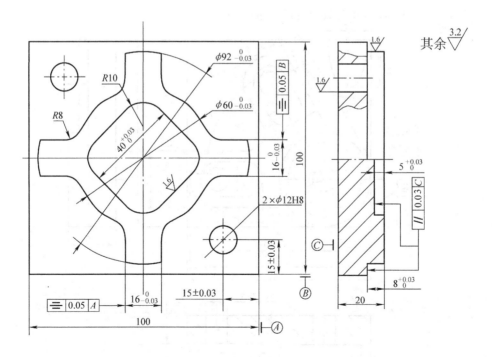

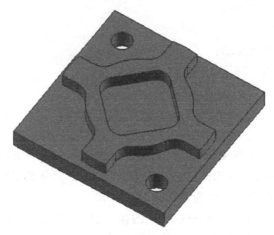

图 7.4.3 中级职业技能鉴定练习题 4

任务五 中级职业技能鉴定实训题 5

一、任务描述

试编写如图 7.5.1 所示工件(已知毛坯尺寸为 100 mm×100 mm×25 mm,材料为 45 钢)的加工程序,并在数控铣床上进行加工。

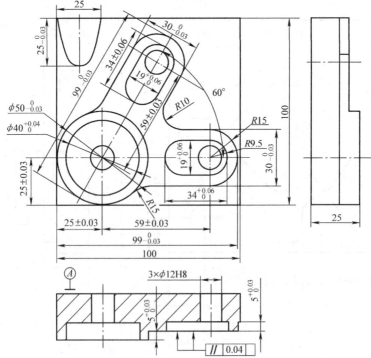

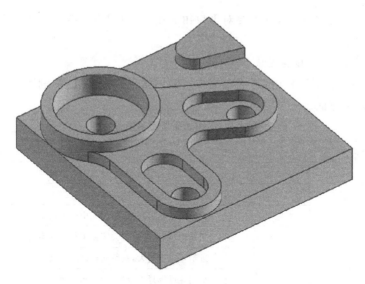

图 7.5.1 中级职业技能鉴定样例 5

二、知识点与技能点

(1)压板或平口钳的装夹与校正。

(2)轮廓表面粗糙度质量分析。

(3)内外轮廓的编程方法。

三、加工准备与加工要求

1. 加工准备

选用机床:802D 型 SIEMENS 系统数控铣床。

选用夹具:精密平口钳。

使用毛坯:100 mm×100 mm×25 mm 的 45 钢,六面为已加工表面;

刀具、量具与工具:参照表 7.1.1 进行配备。

2. 加工要求

本课题的工时定额(包括编程与程序手动输入)为 4 小时。

四、工艺分析与知识积累

1. 压板或平口钳的装夹与校正

工件在使用平口钳或压板装夹过程中,应对工件进行找正。找正时,将百分表用磁性表座固定在主轴上,百分表触头接触工件,在前后或左右方向移动主轴,从而找正工件上下平面与工作台的平行度。同样在侧平面内移动主轴,找正工件侧面与轴进给方向的平行度。如果不平行,则可用铜棒轻敲工件或垫塞尺的办法纠正,然后再重新找正。

当使用平口钳装夹时,首先要对平口钳的钳口进行找正,找正方法和工件侧面的找正方法类似。

2. 表面粗糙度的影响因素

零件在实际加工过程中,影响表面质量的因素很多,常见的影响因素主要有如表7.5.1所示几个方面。

表 7.5.1 影响表面质量因素分析

影响因素	序号	产生原因
装夹与校正	1	工件装夹不牢固,加工过程中产生振动
刀具	2	刀具磨损后没有及时修磨
	3	刀具刚性差,刀具加工过程中产生振动
	4	主偏角、副偏角及刀尖圆弧半径选择不当
加工	5	进给量选择过大,残留面积高度增高
	6	切削速度选择不合理,产生积屑瘤
	7	背吃刀量(精加工余量)选择过大或过小
	8	Z 向分层切深后没有进行精加工,留有接刀痕迹
	9	切削液选择不当或使用不当
	10	加工过程中刀具停顿
加工工艺	11	工件材料热处理不当或热处理工艺安排不合理
	12	采用不适当的进给路线,精加工采用逆铣

五、参考程序

选择工件上表面对称中心作为编程原点,其加工程序如下:

AA100. MPF;

N10 G90 G94 G71 G40 G54 F100;

N20 G74 Z0;

N30 T1D1 M03 S600;

N40 G00 X−60.0 Y60.0;

N50 Z30.0 M08;

N60 G01 Z0 F100;

N70 L101 P2;

N80 G01 Z10.0;

N90 G00 X60.0 Y−60.0;

N100 G01 Z0 F100;

N110 L102 P2;

N120 G01 Z10.0;

N130 G00 X－60.0 Y20.0；

N140 G01 Z0 F100；

N150 L103；

N160 G01 Z10.0；

N170 G00 X4.5 Y26.096；

N180 G01 Z0 F100；

N190 L104；

N200 G01 Z10.0；

N210 G00 X34.0 Y－25.0；

N220 G01 Z0 F100；

N230 L105；

N240 G74 Z0；

N250 M30；

L101.SPF；

N10 G91 G01 Z－5.0；

N20 G90 G41 G01 X－22.321；

N30 X－30.197 Y30.604；

N40 G02 X－44.803 CR＝7.56；

N50 G01 X－52.680 Y60.0；

N60 G40 G01 X－60.0 Y60.0；

N70 M17；

L102.SPF；

N10 G91 G01 Z－5.0；

N20 G90 G41 G01 X60.0 Y－40.0；

N30 X1.458；

N40 G03 X－8.464 Y－43.75 CR＝15.0；

N50 G02 X－32.97 Y－1.305 CR＝－25.0；

N60 G03 X－24.762 Y5.413 CR＝15.0；

N70 G01 X－8.490 Y33.596；

N80 G02 X17.490 Y18.596 CR＝15.0；

N90 G01 X9.641 Y5.0；

N100 G03 X18.301 Y－10.0 CR＝10.0；

N110 G01 X34.0 Y－10.0；

N120 G02 X34.0 Y－40.0 CR＝15.0；

N130 G40 G01 X60.0 Y－60.0；

N140 M17；

L103. MPF；

N10 G91 G01 Z－10.0；

N20 G90 G41 G01 X－32.97 Y8.696；

N30 G03 X－32.97 Y－1.305 CR＝5.0；

N40 G02 X－8.464 Y－43.75 CR＝25.0；

N50 G40 G01 X0 Y－60.0；

N60 M17；

L104. MPF；

N10 G91 G01 Z－10.0；

N20 G90 G41 G01 X－0.25 Y17.868；

N30 G03 X－3.727 Y30.846 CR＝－9.5；

N40 G01 X－11.227 Y17.855；

N50 G03 X5.227 Y8.355 CR＝9.5；

N60 G01 X12.727 Y21.346；

N70 G40 G01 X－50.0 Y－50.0；

N80 M17；

L105. MPF；

N10 G91 G01 Z－10.0；

N20 G90 G41 G01 X24.5 Y－25.0；

N30 G03 X34.0 Y－15.5 CR＝－9.5；

N40 G01 X19.0；

N50 G03 Y－34.5 CR＝9.5；

N60 G01 X34.0；

N70 G40 G01 X34.0 Y－25.0；

N80 M17；

六、课题小结

在工件校正方面,有时为了校正一个工件,要反复多次才能完成。因此,工件的装夹与校正一定要耐心细致地进行,否则达不到理想的校正效果。

在提高表面质量方面,导致表面粗糙度质量下降的因素大多可通过操作者来避免或减小。因此,数控操作者的水平对表面粗糙度质量产生直接的影响。

七、课后练习题

试编写如图 7.5.2 所示零件的数控加工程序,已知毛坯尺寸为 80mm×80mm× 30mm,材料为 45 钢。

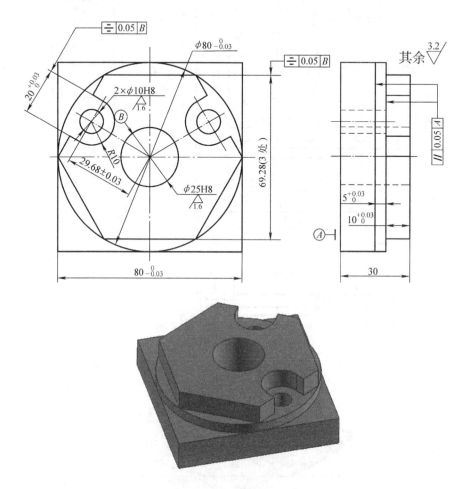

图 7.5.2 中级职业技能鉴定练习题 5

任务六 中级职业技能鉴定实训题 6

一、任务描述

试在数控铣床上完成如图 7.6.1 所示工件的编程与加工(已知毛坯尺寸为 120 mm×100 mm×25 mm,材料为 45 钢)。

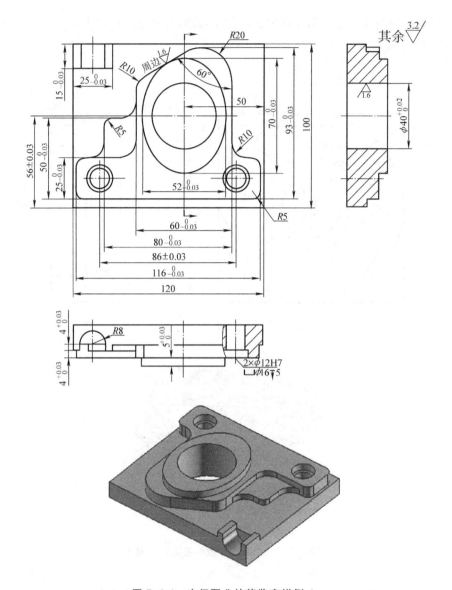

图 7.6.1　中级职业技能鉴定样例 6

二、知识点与技能点

(1)参数编辑。

(2)镗孔加工。

(3)工艺分析。

三、加工准备与加工要求

1. 加工准备

本任务使用 802D 型 SIEMENS 系统数控铣床,采用手动换刀方式加工,加工过程中使用的工具、量具、刀具及材料见表 7.1.1。

2. 加工要求

本任务的工时定额(包括编程与程序手动输入)为 4 小时。

四、工艺分析与知识积累

零件的复杂程度一般,包含了平面、圆弧表面、椭圆面、内外轮廓、钻孔、镗孔、铰孔的加工。选用机用平口钳装夹工件时,工件被加工部分要高出钳口,避免刀具与钳口发生干涉。

1. 参数编程

在数控编程加工中,遇到由非圆曲线组成的工件轮廓或三维曲面轮廓时,可以用宏程序或使用参数编程方法来完成。

当工件的切削轮廓是非圆曲线时,就不能直接用圆弧插补指令来编程。这时可以设想将这一段非圆弧曲线轮廓分成若干微小的线段,在这每一段微小的线段上做直线插补或圆弧插补来近似表示这一非圆弧曲线。如果分成的线段足够小,则这个近似的曲线就完全能满足该曲线轮廓的精度要求。

本任务所要加工的椭圆外形,可以将椭圆的中心设为工件坐标系的原点,椭圆轮廓上点的坐标值可以用多种方法表示。

用椭圆标准方程表示为 $\dfrac{x^2}{a^2}+\dfrac{y^2}{b^2}=1$

用椭圆参数方程表示为 $x=a\cos\theta$　　$y=b\sin\theta$

选用何种方式表示椭圆轮廓曲线上"点"的位置,取决于个人对椭圆方程的理解和熟悉的情况。

编程加工时,根据椭圆曲线精度要求,通过选择极角 θ 的增量将椭圆分成若干线段或圆弧,利用上述公式分别计算轮廓上点的坐标。本题从 $\theta=90°$ 开始,将椭圆分成 180 段线段(每段线段对应的 θ 角增加 2°),每个循环切削一段,当 $\theta<-270°$ 时切削结束。

使用宏程序指令或参数编程指令编写加工程序时,循环判断条件的不同设定方法,可以产生不同的加工程序指令。

2. 镗孔加工

镗孔是利用镗刀对工件上已有的孔进行的加工。镗削加工适合加工机座、箱体、支架等外形复杂的大型零件上孔径较大、尺寸精度较高、有位置精度要求的孔系。编制孔加工程序要求能够使用固定循环和子程序两种方法。固定循环是指数控系统的生产厂家为了方便编程人员编程、简化程序而特别设计的,利用一条指令即可由数控系统自动完成一系列固定加工的循环动作的功能。

3. 加工工艺安排

对于 G18 平面中的圆柱面,在手工编程时可采用下列 3 种方法。

(1)宏程序的编制。

(2)在 G18 平面内采用 G02、G03 及调用子程序。

(3)工件竖直安装加工。

本题圆弧的加工采用竖直安装,程序的编制相对简单,使用刀具少,加工效果好。

五、参考程序

选择工件上表面对称中心作为编程原点,其加工程序如下:

AA011. MPF;

N10 G90 G94 G71 G40 G54 F100;

N20 G74 Z0;

N30 T1D1 M03 S600;

N40 G00 X−70.0 Y−60.0;

N50 Z30.0 M08;

N60 G01 Z−13.0;

N70 G41 G01 X−58.0 Y−60.0;

N80 Y−26.5;

N90 G02 X−53.0 Y−21.5 CR=5.0;

N100 G01 X−45.0;

N110 G03 X−40.0 Y−16.5 CR=10.0;

N120 G01 Y−1.5;

N130 G02 X−35.0 Y3.5 CR=5.0;

N140 G01 X−30.0;

N150 G03 X−20.0 Y13.5 CR=10.0;

N160 G01 Y26.142;

N170 G02 X−13.42 Y35.539 CR=10.0;

N180 G01 X11.548 Y44.626;

N190 G02 X40.0 Y26.5 CR=20.0;

N200 G01 Y−11.5;

N210 G03 X50.0 Y−21.5 CR=10.0;

N220 G01 X53.0;

N230 G02 X58.0 Y−26.5 CR=5.0;

N240 G01 Y－41.5；

N250 G02 X53.0 Y－46.5 CR＝5；

N260 G01 X－53.0；

N270 G02 X－58.0 Y－41.5 CR＝5.0；

N280 G40 G01 X－70.0 Y－60.0 M09；

N290 G74 ZO；

N300 M30；

AA012.MPF；

N10 G90 G94 G71 G40 G54 F100；

N20 G74 Z0；

N30 T1D1 M03 S600；

N40 G00 X－80.0 Y60.0；

N50 Z20.0；

N60 G01 Z－13.0 F50.0；

N70 G41 G01 X－70.0 Y50.0 F100；

N80 G01 X－35.0；

N90 Y35.0；

N100 X－60.0；

N110 Y60.0；

N120 G40 G01 X－80.0 Y60.0；

N130 G74 Z0；

N140 M30；

AA013.MPF；

N10 G90 G94 G71 G40 G54 F100；

N20 G74 ZO；

N30 T1D1 M03 S600；

N40 G00 X－70.0 Y－10.0；

N50 Z20.0；

N60 G01 Z－9.0 F50.0；

N70 G41 G01 X－70.0 Y－21.5 F100；

N80 G01 X－30.0；

N90 G03 X－20.0 Y－11.5 CR＝10.0；

N100 G01 Y50.0；

N110 G40 G01 X－20.0 Y60.0；

N120 G74 Z0；

N130 M30；

AA014. MPF；

N10 G90 G94 G71 G40 G54 F100；

N20 G74 Z0；

N30 T1D1 M03 S600；

N40 G00 X−20. 0 Y60. 0；

N50 Z20. 0；

N60 G01 Z−5. 0 F50. 0；

N70 G41 G01 X−10. 0 Y41. 0 F100；

N80 G01 X10. 0；

N90 R1=90. 0；

N100 AAA：R2=10. 0+26. 0 * COS(R1)；

N110 R3=6. 0+35. 0 * SIN(R1)；

N120 G01 X=R2 Y=R3；

N130 R1=R1=2. 0；

N140 IF R1>=−270. 0 GOTOB AAA；

N150 G40 G01 X20. 0 Y60. 0；

N160 G74 ZO；

N170 M30；

AA015. MPF；

N10 G90 G94 G71 G40 G54 F50；

N20 G74 Z0；

N30 T1D1 M03 S1000；

N40 G00 Z50. 0；

N50 MCALL CYCLE86(30. 0,0,5. 0,−30. 0,2,3,1,0,2,180)；

N60 G00 X10. 0 Y6. 0；

N70 MCALL；

N80 G74 Z0；

N90 M30；

AA016. MPF；

N10 G90 G94 G71 G40 G54 F100；

N20 G74 Z0；

N30 T1D1 M03 S200；

N40 G00 Z50.0；

N50 MCALL CYCLE85(30.0,－10.0,5.0,－30.0)；

N60 G00 X－43.0 Y－34.0；

N70 G00 X43.0 Y－34.0；

N80 MCALL；

N90 G74 Z0；

N100 M30；

AA017.MPF；

N10 G90 G94 G71 G40 G54 F100；

N20 G74 Z0；

N30 T1D1 M03 S600；

N40 G00 X0 Y－20.0；

N50 Z20.0；

N60 G01 Z－16.0 F50.0；

N70 G41 G01 X8.0 Y－10.0 F100；

N80 G01 Y4.0；

N90 G03 X－8.0 CR＝－8.0；

N100 G01 Y－10.0；

N110 G40 G01 X0 Y－20.0；

N120 G74 Z0；

N130 M30；

六、课题小结

通过对图样的消化,在工艺分析的基础上,从实际出发,制定工艺方案,是按时完成工件加工的前提。

使用宏程序和参数变量编程可以在许多种零件加工中得以应用,变量的正确使用使得非圆弧曲线组成的工件轮廓或三维曲面轮廓的加工得以解决,并可使加工程序的长度大为缩短,提高加工效率。因此,只要用好参数编程就可以起到事半功倍的效果。

七、课后练习题

试编写如图 7.6.2 所示零件的数控加工程序,已知毛坯尺寸为 90 mm×95 mm ×25 mm,材料为 45 钢。

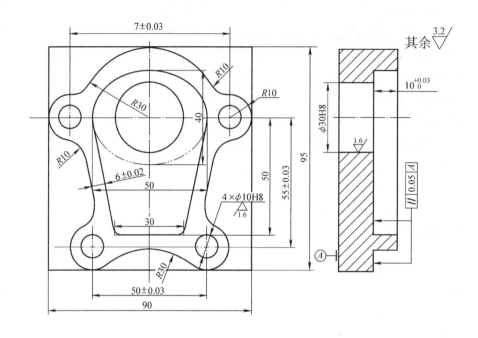

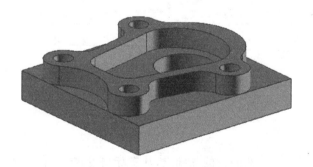

图 7.6.2　中级职业技能鉴定练习题 6

任务七　中级职业技能鉴定实训题 7

一、任务描述

加工如图 7.7.1 所示工件,工件材料为 45 钢。试编写其加工工艺文件与数控铣床加工程序。

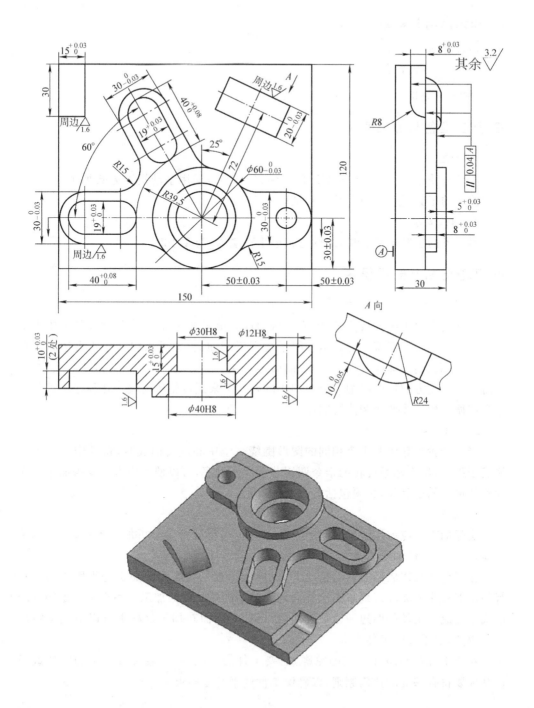

图 7.7.1 中级职业技能鉴定样例 7

二、知识点与技能点

(1)宏变量。

(2)坐标转换指令。

(3)工艺分析。

三、加工准备与加工要求

1. 加工准备

本任务使用 802D 型 SIEMENS 系统数控铣床,采用手动换刀方式加工,加工过程中使用的工具、量具、刀具及材料见表 7.1.1。

2. 加工要求

本任务的工时定额(包括编程与程序手动输入)为 4 小时。

四、工艺分析与知识积累

1. 宏变量

三维曲面手工编程较复杂,因为节点的计算很困难,故在复杂的曲面加工中很少用到手工编程。手工编程也只是局限于规则三维曲面,即可以用方程式表达曲线轨迹,如圆球面、椭圆球面、二次抛物线曲面等。在手工编程中由于没有这些曲线插补,故需利用曲线方程把曲线细分成很细小的直线段来逼近轮廓曲线。在程序中可采用分支和循环操作改变控制执行顺序。

2. 坐标转换指令

当一个轮廓是由若干个相同的图形围绕一个中心旋转而成时,将其中一个图形编成子程序,用坐标系旋转的指令调用若干次子程序,可以使程序编辑变得简单。作为旋转单元的子程序,必须包括全部基本要素。

3. 工艺分析

实际加工中应该用最少的时间对加工内容进行分析。分析加工难点,制定加工方案,以保证工件加工质量。

在不允许采用成型刀具的情况下,完成倒角或三维曲面的加工是很困难的。只有使用宏程序才能较好地解决这类问题。整个圆弧凸台的加工采用立铣刀走四方的形式来完成。工件的四边为已加工面,所以前后两面在加工过程中可以适当地空出一段距离,以不接触工件为准。

对于工件在 G19 平面内的轮廓,需要工件的二次装夹,装夹过程中的定位或找正基准要符合基准的选用原则,以确保工件的平行度要求。

五、参考程序

选择工件上表面对称中心作为编程原点,其加工程序如下:

AA011. MPF；

N10 G90 G94 G71 G40 G54 F100；

N20 G74 Z0；

N30 T1D1 M03 S600；

N40 G00 X－49.5 Y－30.0；

N50 Z20.0；

N60 L12；

N70 G00 Z20.0；

N80 TRANS X10.0 Y－30.0；

N90 AROT RPL＝－60.0；

N100 L12；

N110 G00 Z20.0；

N120 ROT；

N130 G74 Z0；

N140 M30；

L12. SPF；

N10 G00 X－70.0 Y－60.0；

N20 Z5.0 M08；

N30 G01 Z－15.0 F80；

N40 G41 G01 X－50.5 Y－30.0；

N50 G02 X－60.0 Y－39.5 CR＝－9.5；

N60 G01 X－60.0；

N70 G03 Y－20.5 CR＝9.5；

N80 G01 X－60.0；

N90 G40 G01 X－49.5 Y－30.0 M09；

N100 M17；

AA013. MPF；

N10 G90 G94 G71 G40 G54 F100；

N20 G74 Z0；

N30 T1D1 M03 S600；

N40 G00 X－25.0 Y70.0；

N50 Z20.0；

N60 TRANS X10.0 Y－30.0；

N70 AROT RPL＝－25.0；

N80 L14；

N90 G00 Z20.0；

N100 ROT；

N110 G74 Z0；

N120 M30；

L14.SPF；

N10 G00 X－25.0 Y70.0；

N20 R1＝－10.0；

N30 R2＝14.0；

N40 Z5.0 M08；

N50 AAA：G01 Z＝R1 F80；

N60 R3＝SQRT(24.0＊24.0－R2＊R2)；

N70 G41 G01 X＝－R3 Y54.0；

N80 Y30.0；

N90 X＝R3；

N100 Y54.0；

N110 X＝－R3；

N120 G40 G01 X－25.0 Y70.0 M09；

N130 R1＝R2＋0.1；

N140 R2＝R2＋0.1；

N150 IF R1＜＝0 GOTOB AAA；

N160 M17；

六、课题小结

程序的编制体现编程者对程序结构、数控系统性能、编程格式的灵活掌握程度。好的程序结构清晰、语句简单、运行正确。本题在加工过程中如果不会"坐标系旋转功能"，则程序的编制会明显复杂化。

为提高槽宽的加工精度，减少铣刀的种类，加工时可采用直径比槽宽小的铣刀，先铣槽的中间部分，然后用刀具半径补偿功能铣槽的两边。

七、课后练习题

试编写如图 7.7.2 所示零件的数控加工程序，已知毛坯尺寸为 140mm×120mm×30mm，材料为 45 钢。

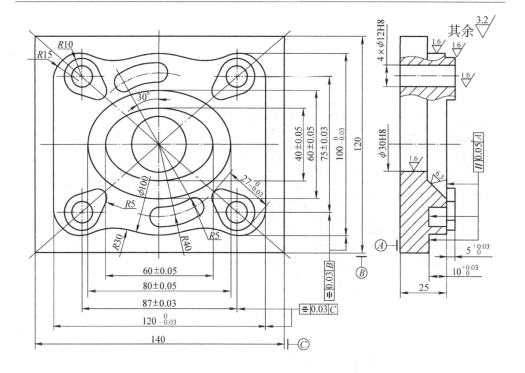

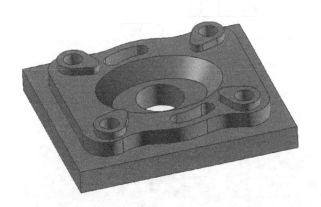

图 7.7.2　中级职业技能鉴定练习题 7

任务八　中级职业技能鉴定实训题 8

一、任务描述

试在数控铣床上完成如图 7.8.1 所示工件的编程与加工,已知毛坯尺寸为 120 mm×100 mm×25 mm,材料为 45 钢。

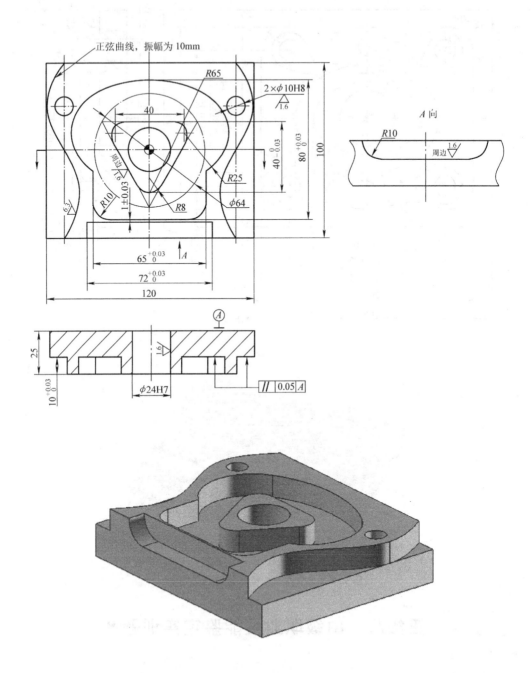

图 7.8.1　中级职业技能鉴定样例 8

二、知识点与技能点

(1)宏程序。

(2)坐标转换指令。

(3)加工工艺的安排。

三、加工准备与加工要求

1. 加工准备

本任务使用 802D 型 SIEMENS 系统数控铣床,采用手动换刀方式加工,加工过程中使用的工具、量具、刀具及材料见表 7.1.1。

2. 加工要求

本任务的工时定额(包括编程与程序手动输入)为 4 小时。

四、工艺分析与知识积累

1. 宏程序

在编辑宏程序时首先要建立数学模型,而建立数学模型的基础是选好变量与自变量。本题正弦曲线程序编程思路:将曲线分成 1 000 条线段,用直线段拟合该曲线,每段直线在 Y 轴方向的间距为 0.1 mm,相对应正弦曲线的角度增加 360°/1 000,根据正弦曲线公式 $X=50.0+10\sin\alpha$ 计算出每一段线段终点的 X 坐标值。

2. 坐标转换指令

用编程的镜像指令可实现坐标轴的对称加工,在同时使用镜像、缩放及旋转时应注意:CNC 的数据处理顺序是从程序镜像到比例缩放和坐标系旋转,应该按顺序指定指令;取消时,按相反顺序。

3. 薄壁厚度的保证

保证该尺寸的精度需要在精加工完内轮廓尺寸后、精加工方槽前必须测量零件前侧面到内轮廓的厚度,在实际测量尺寸的基础上确定刀具补偿值,并在加工过程中通过测量计算来改变刀具补偿值,逐步达到加工要求。

五、参考程序

选择工件上表面对称中心作为编程原点,其加工程序如下:

AA011. MPF;

N10 G90 G94 G71 G40 G54 F100;

N20 G74 Z0;

N30 T1D1 M03 S600；

N40 G00 X80.0 Y70.0；

N50 Z20.0；

N60 L12；

N70 G00 Z20.0；

N80 G00 X－80.0 Y70.0；

N90 MIRROR X0；

N100 L12；

N110 G00 Z20.0；

N120 MIRROR；

N130 G74 Z0；

N140 M30；

L12.SPF；

N10 R1＝0；

N20 R2＝50.0；

N30 R3＝50.0；

N40 AAA：G41 G01 X＝R2 Y＝R3 F80；

N50 R1＝R3－0.1；

N60 R2＝50.0＋10.0＊SIN(R1)；

N70 R3＝R3－0.1；

N80 IF R3＞＝－50.0 GOTOB AAA；

N90 G40 G01 X80.0 M09；

N100 M17；

六、课题小结

　　保证曲线的轮廓精度，实际上是轮廓铣削时刀具半径补偿值的合理调整，同一轮廓的粗精加工可以使用同一程序，只是在粗加工时，将补偿值设为刀具半径加工轮廓的余量，在精加工时补偿值设为刀具半径甚至更小些。加工中就应该根据补偿值和实际工件测量值的关系，合理地输入有效的补偿值以保证轮廓精度。

七、课后练习题

　　试编写如图 7.8.2 所示零件的数控加工程序，已知毛坯尺寸为 $100mm \times 100mm \times 25mm$，材料为 45 钢。

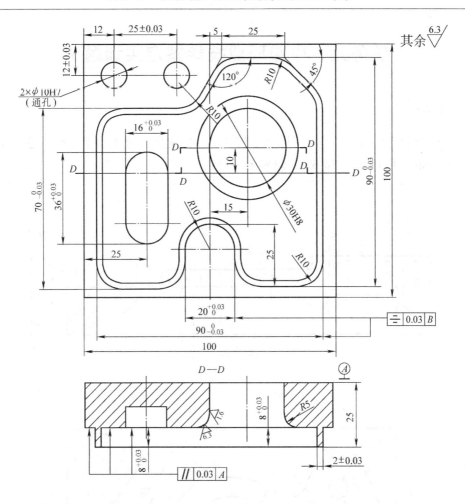

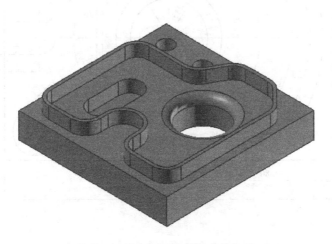

图 7.8.2　中级职业技能鉴定练习题 8

任务九　中级职业技能鉴定实训题 9

一、任务描述

试编制如图 7.9.1 所示零件的加工程序,并在铣床上完成加工。已知毛坯尺寸为 160 mm×118 mm×40 mm,材料为 45 钢。

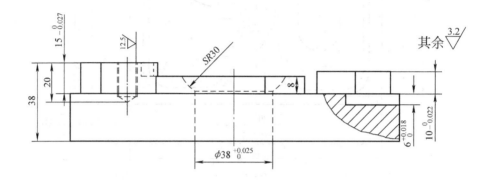

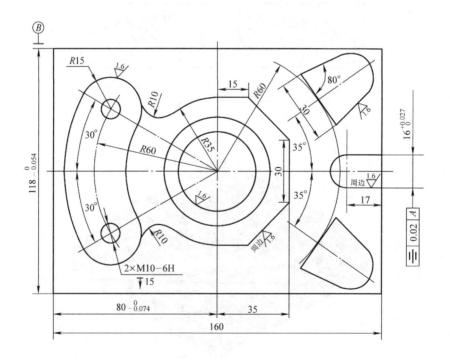

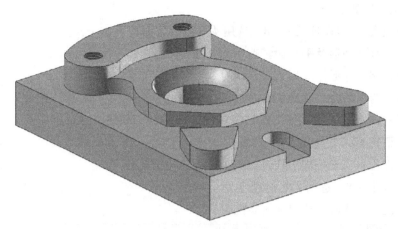

图 7.9.1　中级职业技能鉴定样例 9

二、知识点与技能点

（1）球铣刀的使用。

（2）坐标转换的使用。

（3）加工工艺分析。

三、加工准备与加工要求

1. 加工准备

本任务使用 802D 型 SIEMENS 系统数控铣床，采用手动换刀方式加工，加工过程中使用的工具、量具、刀具及材料见表 7.1.1。

2. 加工要求

本任务的工时定额（包括编程与程序手动输入）为 4 小时。

四、工艺分析与知识积累

1. 球铣刀的使用

加工三维曲面轮廓（特别是凹轮廓）时，一般用球头刀来进行切削。在切削过程中，当刀具在曲面轮廓的不同位置时，是刀具球头的不同点切削成型工件的曲面轮廓，所以用球头中心坐标来编程很方便。

2. 坐标转换指令的使用

对称几何形状，可采用坐标转换指令，如旋转坐标系、可编程镜像等指令。在实际图形中具体采用何种指令要遵循 CNC 数据处理的顺序，总的方向是程序结构清晰、语句简单、运行正确。熟练掌握复杂程序的编制，能使编程简单化，大大缩短准备时间。

3. 加工工艺分析

将工件坐标系 G54 建立在工件上表面，零件的对称中心处。针对零件图纸要求给出加工工序如下。

(1)铣大平面,保证尺寸 38。选用 $\phi80$ 可转位面铣刀。

(2)铣月形外形及平台面。选用 $\phi16$ 立铣刀。

(3)铣整个外形。选用 $\phi16$ 立铣刀。

(4)铣两个凸台。选用 $\phi16$ 立铣刀。

(5)铣键槽 16。选用 $\phi12$ 键铣刀粗铣,$\phi16$ 立铣刀精铣。

(6)钻孔 $\phi8.5$。选用 $\phi8.5$ 钻头。

(7)铣孔 $\phi37.6$。选用 $\phi16$ 立铣刀。

(8)镗孔 $\phi38$。选用 $\phi38$ 精镗刀。

(9)铣凹圆球面。选用 $\phi16$ 立铣刀。

(11)铰孔 $\phi10$。选用 $\phi10$ 机用铰刀。

四、参考程序

选择工件上表面对称中心作为编程原点,其加工程序编制如下:

AA011. MPF;

N10 G90 G94 G71 G40 G54 F100;

N20 G74 Z0;

N30 T1D1 M03 S600;

N40 G00 X90.0 Y0;

N50 Z5.0;

N60 L12;

N70 MIRROR Y0;

N80 L12;

N90 G00 Z20.0;

N100 MIRROR;

N110 G74 Z0;

N120 M30;

L12. SPF;

N10 G01 Z−15.0 F80;

N20 G41 G01 X63.489 Y13.936;

N30 G01 X40.546 Y46.702;

N40 X59.354 Y55.472;

N50 G03 X72.427 Y36.802 CR=11.5;

N60 G01 X50.573 Y14.947;

N70 G40 G01 X90.0 Y0 M09；

N80 M17；

AA013. MPF；

N10 G90 G94 G71 G40 G54 F100；

N20 G74 Z0；

N30 T1D1 M03 S1000；

N40 G00 X0 Y0；

N50 Z5.0；

N60 R1＝－13.0；

N70 R2＝23.216；

N80 AAA:G01 Z＝R1 F80；

N90 R3＝SQRT(900－R2＊R2)；

N100 G41 G01 X＝－R3 Y0；

N110 G03 I＝R3；

N120 G40 G01 X0 Y0 M09；

N130 R1＝R1＋0.1；

N140 R2＝R2－0.1；

N150 IF R1＜＝－4.9 GOTOB AAA；

N160 G00 Z20.0；

N170 G74 Z0；

N180 M30；

六、课题小结

按铣刀的形状和用途可分为圆柱铣刀、端铣刀、立铣刀、键槽铣刀、球头铣刀等。在实际加工中选用何种刀具要遵循长度越短越好、直径越大越好、铣削效率越高越好的原则。

由于一般以刀具为单位进行程序调试，并且在大规模的生产中，工件的加工节拍非常短，而换刀的时间在辅助时间中占有相当大的比例，因此编制程序时尽可能在每次换刀后加工完成全部相关内容，保证加工过程中最少的换刀次数和最短的走刀路径，减少辅助时间，提高加工效率。

七、课后练习题

试编写如图 7.9.2 所示零件的数控加工程序，已知毛坯尺寸为 150mm×120mm ×25mm，材料为 45 钢。

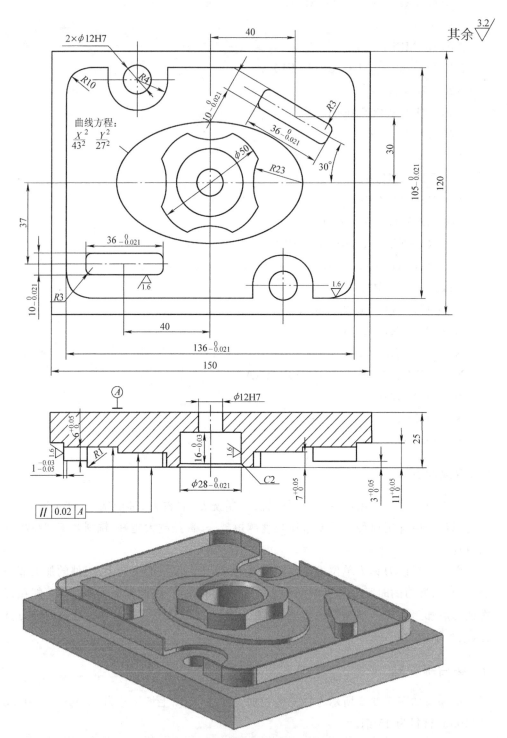

图 7.9.2　中级职业技能鉴定练习题 9

任务十　中级职业技能鉴定实训题 10

一、任务描述

编写如图 7.10.1 所示工件的数控加工程序,并在数控铣床上进行加工。已知毛坯尺寸为 150 mm×120 mm×35 mm,材料为 45 钢。

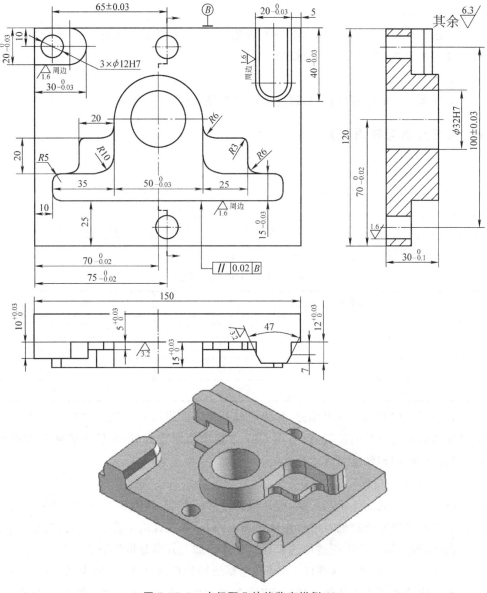

图 7.10.1　中级职业技能鉴定样例 10

二、知识点与技能点

(1)程序输入补偿指令 G10。

(2)加工工艺分析。

(3)内外轮廓的编程方法。

三、加工准备与加工要求

1. 加工准备

本任务使用 802D 型 SIEMENS 系统数控铣床,采用手动换刀方式加工,加工过程中使用的工具、量具、刀具及材料见表 7.1.1。

2. 加工要求

本任务的工时定额(包括编程与程序手动输入)为 4 小时。

四、工艺分析与知识积累

1. 程序输入补偿指令 G10

图样上的倒角一般有两种加工方法,其一是使用成型铣刀铣削,简单方便,但刀具的使用范围小,且成型刀具的成本高,因此不适合小批量的工件加工;其二,使用球头铣刀或立铣刀,逐层拟合成型,这样刀具的使用范围广。在程序的编写中,常用指令 G10 进行编写。指令格式如表 7.10.1 所示。

表 7.10.1　G10 指令格式

刀具补偿存储器种类		格　　式
刀具长度补偿	几何补偿	G10 L10 P_R_;
	磨损补偿	G10 L11 P_R_;
刀具半径补偿	几何补偿	G10 L12 P_R_;
	磨损补偿	G10 L13 P_R_;

指令格式中 P 为刀具补偿号,R 为刀具补偿值。当用 G90 绝对值指令方式时,R 后接的数值就是刀具的补偿值;当用 G91 增量值指令方式时,R 后接的数值和指导的刀具补偿值的和就是刀具的补偿值。

2. 加工工艺分析

每一个工件的加工工艺方案,都是根据工件的类型、具体加工内容以及给定的加工约束条件简要分析后确定的。在清楚加工内容后,结合机床类型和夹具类型,制定工艺路线,确定每一工序所适用的刀具。具体的加工方案分析如下。

(1)确定工艺基准。从图样上分析,主要结构为单面结构,四周为四方形。适合采用平口钳装夹。为保证四边相互垂直,在实际加工前,必须对固定钳口进行调整;

224

为保证工件的上下平面的平行度要求,必须对平口钳导轨以及垫铁进行调整。

(2)加工难点分析。从图样上分析,工件结构较简单,难点主要是 $\phi32H7$ 与凸键的倒角加工。

(3)加工余量的去除。在加工条件允许的情况下,尽量采用较大的刀具进行加工,可以有效地提高加工效率。

(4)基点计算问题。基点坐标的计算可以采用CAXA电子图板进行找坐标。

(5)特殊指令的掌握。倒角的加工在没有成型刀具的情况下,采用宏程序以及G10指令能较好地完成编程操作。

五、参考程序

选择工件上表面对称中心作为编程原点,其加工程序编制如下:

AA013. MPF;

N10 G90 G94 G71 G40 G54 F100;

N20 G74 Z0;

N30 T1D1 M03 S1000;

N40 G00 X30.0 Y70.0;

N50 Z5.0 M08;

N60 G01 Z0 F50;

N70 R1=0;

N80 R2=23.5;

N90 R3=5.0;

N100 R6=7.0;

N110 R4=R1;

N120 R5=R3-(R6-R1) * TAN(R2);

N130 AAA:G01 Z=-R1 F80;

N140 G10 L12 P1 R#5;

N150 G41 G01 X40.0 Y60.0;

N160 X70.0;

N170 Y30.0;

N180 G02 X50.0 CR=10.0;

N190 G01 Y70.0;

N200 G40 M09;

N210 R1=R1+0.1;

N220 IF R1≤7.0 GOTOB AAA;

N230 G00 Z20.0；

N240 G74 Z0；

N250 M30；

六、课题小结

图样中的倒角需要刀具的中心轨迹和曲线轮廓的相对位置在加工过程中不断变化，如果按照曲线轮廓进行编程，刀具的半径补偿值也需要随之变化，因此使用 G10 指令的目的就是用于满足在程序中变化刀具半径补偿值的要求。

七、课后练习题

试编写如图 7.10.2 所示件的数控加工程序，已知毛坯尺寸为 150mm×120mm ×20mm，材料为 45 钢。

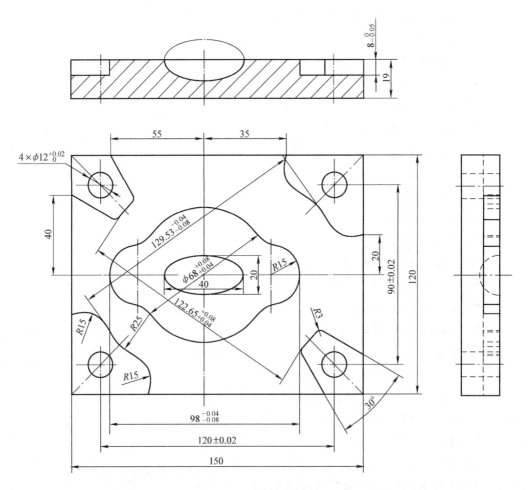

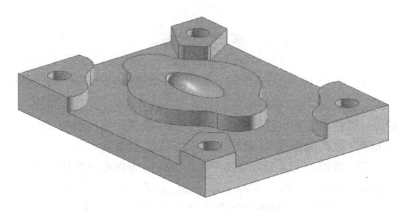

图 7.10.2　中级职业技能鉴定练习题 10

参 考 文 献

［1］西门子股份公司.SINUMERIK 802D 操作编程使用手册［M］.北京:西门子
　　（中国）有限公司,2002.

［2］顾晶.数控机床加工程序编制［M］.北京:机械工业出版社,2001.

［3］张超英.数控编程技术［M］.北京:化学工业出版社,2004.

［4］赵长明.数控加工工艺及设备［M］.北京:高等教育出版社,2003.

［5］张超英.数控加工综合实训［M］.北京:化学工业出版社,2003.

［6］郑红,等.数控加工编程与操作［M］.北京:北京大学出版社,2005.